多酸基功能材料
性能与应用

Performance and Application of
Polyoxometalate-based
Functional Materials

王祥 著

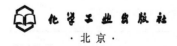

化学工业出版社
· 北京 ·

内 容 简 介

本书以多酸基功能材料的性能研究为出发点，分别从光催化、电催化、有机催化、储能、太阳能电池、质子传导、药物传输等研究领域，对具有代表性的研究成果和典型案例进行详细的论述，系统地介绍典型的多酸基功能材料的组成、结构、合成方法。本书适合无机化学、多酸化学、材料化学等领域的科研工作者及相关专业大专院校师生参考阅读。

图书在版编目（CIP）数据

多酸基功能材料性能与应用/王祥著. —北京：化学工业出版社，2023.9
ISBN 978-7-122-43686-3

Ⅰ.①多… Ⅱ.①王… Ⅲ.①多酸-功能材料 Ⅳ.①TB34

中国国家版本馆 CIP 数据核字（2023）第 111401 号

责任编辑：曾照华　　　　　　　　装帧设计：王晓宇
责任校对：李露洁

出版发行：化学工业出版社（北京市东城区青年湖南街 13 号　邮政编码 100011）
印　　装：北京虎彩文化传播有限公司
710mm×1000mm　1/16　印张 10　字数 153 千字　2023 年 8 月北京第 1 版第 1 次印刷

购书咨询：010-64518888　　　　　　售后服务：010-64518899
网　　址：http://www.cip.com.cn
凡购买本书，如有缺损质量问题，本社销售中心负责调换。

定　价：98.00 元　　　　　　　　　　　　　　　版权所有　违者必究

前言

多金属氧酸盐（polyoxometalate，简称 POM），又被称为多酸，通常是过渡金属离子经氧原子连接而成的多金属氧簇。如今，多酸已经从开始的简单合成与结构研究，发展到分子的可控设计以及功能化的簇合物和复合衍生材料。与此同时，多酸多样的尺寸、构型以及自身独特的氧化还原特性和酸性，使其在不同的研究领域，如结构化学、配位化学、材料化学以及药物化学等领域，已经得到了广泛的研究并表现出重要的应用价值，并作为著名的无机构筑单元受到了广大研究人员的青睐。为了能够更好地反映和概述多酸在功能材料方面的发展状况以及所涉及的领域，促进多酸化学与配位化学、材料化学的协同发展，全面反映国内外研究人员在多酸基功能材料的性能与应用研究领域的进展以及所做出的贡献，出版一本能够比较全面、系统地反映和总结多酸基功能材料性能和应用情况的书籍，不论对多酸化学领域的研究人员，还是对配位化学和材料化学领域的学者都具有重要的参考和实用价值。

本书除绪论和展望外，主要包括五章内容，分别从多酸基功能材料的光催化性能、电化学性能、有机催化性能、储能性能及其他性能和应用领域进行总结和论述。在每一个章节中，分别以具体的性能研究为出发点，并就目前所取得的具有代表性的研究成果和典型案例进行详细的论述，系统地介绍一些典型的多酸基功能材料的结构、合成方法，并着重介绍材料的组成、结构与性能，最后简述这些材料的潜在应用性。本书每一部分内容均以具体的实例和图片相结合的方式进行论述，整体内容具有一定的系统性和实用性，致力于给广大读者带来有价值的内容。

本书由王祥负责总体的统筹，并在文献调研的基础上进行设计和编写的。尽管作者努力地确保书籍内容的系统性、全面性和完整性，但是由于作者自身水平有限，难免存在着不足之处，敬请读者批评指正。另外，感谢课题组的同事们在文献调研过程中所付出的努力和大力的支持。

编者
2023 年 7 月

目 录
CONTENTS

第1章　绪论 ………………………………………………………………………… 001

第2章　**多酸基功能材料的光催化性能** ……………………………………… 003

　2.1　引言 ……………………………………………………………………… 003

　2.2　光催化降解污染物性能 ……………………………………………… 004

　　2.2.1　有机染料的光催化降解 …………………………………… 004

　　2.2.2　抗生素的光催化降解 ……………………………………… 011

　　2.2.3　农药的光催化降解 ………………………………………… 016

　　2.2.4　重金属离子的光催化降解 ………………………………… 020

　2.3　光催化有机反应性能 ………………………………………………… 024

　　2.3.1　醇的光催化氧化 …………………………………………… 024

　　2.3.2　烷基苯 C—H 键的光催化氧化 …………………………… 028

　　2.3.3　胺的氧化偶联 ……………………………………………… 030

　　2.3.4　环己烷的氧化 ……………………………………………… 033

　　2.3.5　光催化氧化脱硫 …………………………………………… 033

　　2.3.6　光催化氮的固定 …………………………………………… 036

　　2.3.7　光催化合成 N 杂环化合物 ……………………………… 038

　2.4　光催化产氢及二氧化碳还原性能 …………………………………… 040

　　2.4.1　光催化产氢 ………………………………………………… 041

　　2.4.2　光催化二氧化碳还原 ……………………………………… 043

　2.5　多酸基功能材料在光催化方面的应用 ……………………………… 045

　参考文献 …………………………………………………………………… 046

第 3 章　多酸基功能材料的电化学性能 ································· **052**

  3.1　引言 ··· 052

  3.2　电催化还原性能 ·· 053

      3.2.1　过氧化氢的电催化还原 ·· 053

      3.2.2　亚硝酸盐的电催化还原 ·· 056

      3.2.3　溴酸盐的电催化还原 ··· 059

      3.2.4　铬（Ⅵ）的电催化还原 ·· 062

      3.2.5　过硫酸根的电催化还原 ·· 064

      3.2.6　电催化氧还原 ·· 066

      3.2.7　电催化二氧化碳还原 ··· 068

  3.3　电催化氧化性能 ·· 070

      3.3.1　抗坏血酸的电催化氧化 ·· 070

      3.3.2　多巴胺的电催化氧化 ··· 072

      3.3.3　尿酸的电催化氧化 ··· 073

      3.3.4　甲醇的电催化氧化 ··· 074

      3.3.5　水的电催化氧化 ··· 076

  3.4　多酸基功能材料在电催化方面的应用 ···························· 079

  参考文献 ··· 079

第 4 章　多酸基功能材料的有机催化性能 ························· **084**

  4.1　引言 ··· 084

  4.2　催化氧化性能 ·· 084

      4.2.1　硫醚的催化氧化 ··· 085

      4.2.2　烷基苯的催化氧化 ··· 088

      4.2.3　苯的催化氧化 ·· 090

      4.2.4　苯酚的催化氧化 ··· 092

      4.2.5　苯乙烯的催化氧化 ··· 095

  4.3　催化环氧化性能 ·· 097

      4.3.1　叠氮与炔的环加成 ··· 097

      4.3.2　烯烃环氧化 ·· 099

      4.3.3　香茅醛的环氧化 ……………………………………………… 101

  4.4　催化其他有机反应 ……………………………………………………… 102

      4.4.1　酯化反应 …………………………………………………… 102

      4.4.2　烷基化反应 ………………………………………………… 103

      4.4.3　缩合反应 …………………………………………………… 104

  4.5　多酸基功能材料在有机催化方面的应用 ……………………………… 106

  参考文献 …………………………………………………………………… 106

第 5 章　多酸基功能材料的储能性能 ………………………………… **110**

  5.1　引言 ………………………………………………………………………… 110

  5.2　电池电极材料的性能 …………………………………………………… 110

      5.2.1　锂离子电池材料的性能 …………………………………… 111

      5.2.2　钠离子电池材料的性能 …………………………………… 113

      5.2.3　钾离子电池材料的性能 …………………………………… 116

      5.2.4　锌离子电池材料的性能 …………………………………… 117

  5.3　电容器电极材料的性能 ………………………………………………… 120

      5.3.1　基于导电碳的电极材料性能 ……………………………… 120

      5.3.2　基于导电聚合物的电极材料性能 ………………………… 123

      5.3.3　基于混合导电材料的电极材料的性能 …………………… 126

  5.4　多酸基功能材料在储能方面的应用 …………………………………… 127

  参考文献 …………………………………………………………………… 127

第 6 章　多酸基功能材料的其他性能 ………………………………… **131**

  6.1　引言 ………………………………………………………………………… 131

  6.2　燃料电池领域性能 ……………………………………………………… 131

      6.2.1　质子交换膜燃料电池性能 ………………………………… 131

      6.2.2　催化生物质燃料电池性能 ………………………………… 134

  6.3　生物学领域性能 ………………………………………………………… 137

      6.3.1　药物传输性能 ……………………………………………… 137

      6.3.2　抗肿瘤性能 ………………………………………………… 139

6.3.3 抗菌性能 ……………………………………………… 141

6.4 其他领域性能 ………………………………………………… 142

6.4.1 磁学性能 ……………………………………………… 142

6.4.2 染料敏化太阳能电池性能 ……………………………… 144

6.5 多酸基功能材料在其他领域的应用 ……………………… 147

参考文献 ………………………………………………………… 147

第7章 展望 ……………………………………………… 150

第**1**章
绪 论

　　多金属氧酸盐，简称为多酸，通常是一类由过渡金属离子（如 Mo、W、V、Nb、Ta 等）和氧原子配位形成的多面体彼此连接而形成的多金属氧簇阴离子。根据结构中是否含有杂原子，多酸又分为同多酸和杂多酸。在杂多酸中，常见的杂原子包括 P、Si、B、Cr 等。就结构类型而言，研究至今，大量具有不同构型的多酸已经由研究人员开发出来，并已经确定了其结构的组成，如经典的 Keggin 型、Wells-Dawson 型、Anderson 型、Waugh 型、Strandberg 型等杂多酸，以及由不同数目金属构成的同多酸金属氧簇阴离子，如 Lindqvist 型等。

　　如今的多酸化学不仅是无机化学的一个重要分支，而且也已成为配位化学、结构化学和材料化学等领域的研究热点，主要是由于其具有以下优点。首先，多酸拥有丰富的表面氧原子，主要包括端位氧原子和桥接氧原子。在一定的反应条件下，这些氧原子能够与不同的金属离子形成配位键，从而使多酸在形成配合物的过程中扮演着不同的角色。例如，根据多酸周围所配位的金属离子的数目不同，多酸在结构中可以作为不同配位齿数的无机构筑单元，进而形成具有一维、二维和三维结构的多酸基化合物。此外，多酸也可以作为多样尺寸的纳米团簇，以游离多阴离子的形式存在于结构中，在化合物结构的形成过程中扮演着模板和抗衡离子的角色。其次，多酸多样的尺寸、构型以及电荷数，在化合物的形成过程中能够对结构进行完美调控。

　　在性能研究与应用方面，在过去的几十年里，基于多酸的金属-有机配合物以及复合材料，凭借着结构中多酸组分独特而多样的酸性和氧化还原、光化学、电化学等优点，在光催化、有机催化、电催化、电化学传感、能量存储等研究领域表现出潜在的通用性和应用前景，而且受到了研究人员的热切关注。一方面，多酸因其超强的酸性和在多电子氧化还原循环中优异的结构稳定性，在有机催化应用方面已经取得重要的研究进展和应用。在过去的几十年里，几种基于多酸的均相催化工艺因其高活性、低毒、耐腐蚀的特点而被工业化。而且，为了解决均相催化体系中存在的催化剂回收难、产物纯化难等明显缺点，非均相的多酸催化体系也逐渐地得到了开发和应用。另一方面，多酸分子由于能表现出高度的氧化和还原状态稳定性，并能参与快速可逆的电子转移反应，又被研究人员称为"电子海绵"。而这些特征也正是电化学和能量存储应用的理想特性。因此，基于多酸的金属-有机配合物以及复合材料，在电催化、电化学传感以及能量材料等研究领域也得到了广泛的研究。另外，多酸也被视为是一种无毒、效率高、无二次污染的固体酸催化剂。而且，多酸自身的快速可逆和多电子氧化还原转变特征，使其拥有较窄的禁带宽度和较宽的光谱响应范围，从而使多酸又能够表现出优异的光催化性能，如有机染料的光催化降解、抗生素的光催化降解、光催化二氧化碳还原、光催化析氢以及光催化有机反应等。

研究也发现，多酸自身的一些不足限制了多酸性能的有效发挥，影响和阻碍了多酸的进一步应用，如溶解度较大、比表面积较小、导电性差等。因此，为了克服多酸的这些缺点，研究人员目前已经开发了多样的、合理而有效的修饰和调控手段。例如，从材料的组成方面而言，为了利用多酸母体的氧化还原性能，提高材料的稳定性和比表面积，研究人员将其与具有高比面积和结构稳定的金属-有机框架实现了有效的结合，制备的多酸基金属-有机框架不仅具有良好的结构稳定性，而且还具有较高的比表面积，有利于增加材料的催化活性位点，同时结构中的多酸组分也是关键的催化和电子传输单元，从而提高了材料的催化性能。另一方面，为了提高多酸基功能材料的导电性能，研究人员又将多酸和常见的导电基质，如导电碳、石墨烯、碳布、碳纳米管、镍泡沫等结合，从而得到了导电和催化性能优异的多酸基复合型功能材料。

与此同时，多酸因其优异的本质特性，如今也在一些其他研究领域表现出了潜在应用性能。比如光伏电极、燃料电池、质子传导、光致变色或电致变色、磁性、药物学、抗病毒和抗肿瘤等。而且，通过将多酸与生物学、电化学、纳米材料和表面科学等其他领域的有效结合，多酸化学也正逐渐地出现在新的研究领域中。

第2章
多酸基功能材料的光催化性能

2.1 引言

当前，半导体类光催化剂，已经在很多研究领域得到了广泛的关注和应用。但是，在光吸收性能方面，此类催化剂仍然存在着一些不足，包括催化剂的光吸收多在紫外光区，波长范围较窄，可见光的利用率低；空穴和光生电子的复合率较高，影响催化剂的催化活性和效率。针对以上缺点，研究人员通过相应的手段对此类催化剂进行了合理的修饰或改性，不仅希望能够通过改善激发电荷分离抑制电子-空穴的复合，而且通过扩大催化剂的光吸收范围，同时提高光催化材料的稳定性，进而提高催化剂的催化性能[1]。如由 CdS、CdSe 与 TiO_2 结合的复合型催化剂，不仅实现了电荷的有效分离，还扩大了催化剂的光响应范围[2]；通过调整催化剂的粒径来改变催化剂的带隙宽度[3]；通过将适量的贵金属沉积在催化剂表面，如 Pt、Pd 等[4]，可以快速捕获和转移激发电子，利于光生电子和空穴的分离，从而提高催化剂活性；过渡金属离子的掺杂可在催化剂表面引入缺陷或改变结晶度，有利于增强量子效应和增加空穴密度[5]；将光活性物质吸附在光催化剂表面，在实现催化剂的光敏化的同时，也能扩大光吸收范围，增加光催化反应的效率[6]。多酸不仅具有类型丰富和带隙可调（2.48～3.44eV）的重要特征，而且也具有较宽的光吸收范围，通常可以从紫外光区扩大到可见光区（360～500nm）。同时，多酸本身又是良好的电子受体，当与宽带隙半导体结合时，可以扩大吸收光的波长范围，又可以捕获和转移半导体中的光生电子，激发电荷分离，抑制电子-空穴的复合。因此，多酸基功能材料在光催化性能方面具有广阔的发展价值和应用前景。另外，为了克服多数经典多酸在水溶液中溶解度高、反应后难分离、比表面积小、稳定性较差等缺点，研究人员又将多酸进行了合理的修饰和改性，如过渡金属的取代、有机配体的修饰、与金属-有机配合物或金属-有机框架结合，实现对多酸基催化材料性能的改进和提升，并且已经取得了丰富的研究成果。

2.2 光催化降解污染物性能

随着工业的不断发展，有机物和无机物的污染已经对环境和人类健康造成了一系列的威胁，如有机染料、农药、抗生素和无机的重金属离子等。光催化技术作为一种低成本、高效节能的环境净化技术，在解决日益严重的环境污染问题上显示出巨大优势，而多酸基功能材料在这些污染物的光催化降解方面表现出优异的催化性能。

2.2.1 有机染料的光催化降解

2005 年，研究人员利用静电作用将 Keggin 型多酸阴离子 $[PW_{12}O_{40}]^{3-}$ 成功地固定在一种 D201 型的阴离子交换树脂上，并研究了这个催化剂在可见光照射下对有机染料罗丹明 B（RhB）的光催化降解性能[7]。研究结果表明，在 H_2O_2 存在的情况下，催化剂对有机染料 RhB 表现出良好的光催化降解性能，总有机碳（TOC）的去除率达到 22%，并具有良好的稳定性和可重复使用性（图 2-1）。树脂载体的使用能够为催化剂、底物和氧化剂的有效缔合提供一个微环境，与均相催化体系相比，极大地提高了反应活性。机理研究发现，RhB 的去乙基化是由·OOH 自由基引起的，而共轭黄蒽结构的分解是由 H_2O_2 与负载在树脂上的多酸相互作用形成的过氧基团引起的。

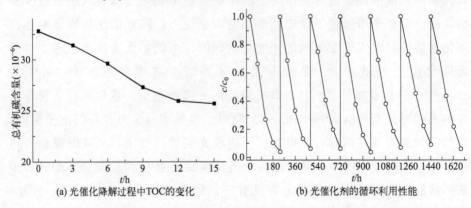

(a) 光催化降解过程中 TOC 的变化 (b) 光催化剂的循环利用性能

图 2-1 催化剂对染料 RhB 的光催化降解性能

　　为了考察取代型多酸与纯多酸之间光催化性能的差异，含有不同金属的取代型多酸催化剂也由研究人员开发出来，如钒金属取代是一种简便的修饰手段来优化多酸催化剂的可见光吸收和光催化活性。2012 年，研究人员合成了一种钒取代的 Lindqvist 型多金属氧酸盐 $[VMo_5O_{19}]^{3-}$，并详细地研究和对比了催化剂和同多酸型 $[Mo_6O_{19}]^{2-}$ 的光催化性能[8]。光催化性能研究发现，一个钒金属取代的 $[VMo_5O_{19}]^{3-}$ 多酸催化剂的光吸收范围可达到 480nm 的可见光范围，而非取代的同多钼酸盐 $[Mo_6O_{19}]^{2-}$ 的光吸收范围主要集中在 400nm 以下（图 2-2），说明钒的取代能够优化多酸催化剂的光吸收性能。进一步的理论计算发现，钒的掺入导致了低能量的 O→V 的 LMCT 跃迁的形成。催化剂在可见光下对有机染料专利蓝 V（PBV）的催化降解性能研究发现，与同多钼酸盐 $[Mo_6O_{19}]^{2-}$ 相比，钒取代的 $[VMo_5O_{19}]^{3-}$ 多酸催化剂表现出了优异的催化性能，并具有优秀的稳定性和可重复使用性。

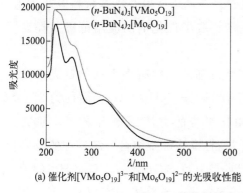

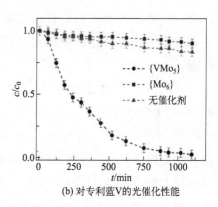

(a) 催化剂[VMo₅O₁₉]³⁻和[Mo₆O₁₉]²⁻的光吸收性能　　(b) 对专利蓝V的光催化性能

图 2-2　催化剂的光吸收和光催化性能

　　2019 年，Alireza Farrokhi 等人报道了一个 Keplerate 型多酸纳米簇催化剂 $\{Mo_{72}Fe_{30}\}$，并研究了催化剂在可见光/太阳光下对染料 RhB 的光催化降解行为[9]。结果发现，在太阳光的照射下，当 RhB 染料水溶液的浓度为 2mg/L、催化剂 $\{Mo_{72}Fe_{30}\}$ 为 3mg 时，60min 内 RhB 的降解率可达到 100%（图 2-3）。催化剂形貌对性能影响的评价结果表明，非晶态催化剂的光催化活性远高于晶态以及其他 Keplerate 型多酸，原因主要在于非晶态的纳米簇催化剂具有更高的比表面积和孔体积，是晶态催化剂的 3 倍和 28 倍；同时，表面所带的负电荷也是影响催化性能的重要因素。另外，该纳米簇催化剂是一种稳定的、可回收的光催化剂。

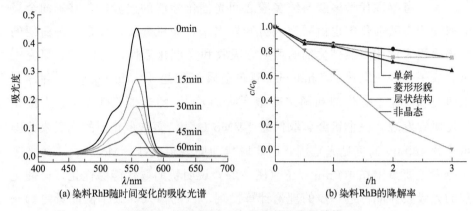

(a) 染料RhB随时间变化的吸收光谱　　(b) 染料RhB的降解率

图 2-3　催化剂对 RhB 的光催化降解性能

　　尽管多酸化合物在染料的降解过程中已经能够表现出很好的光催化活性，但是仍存在着溶解度高、比表面积较小以及反应后难分离等缺点。为了解决这些问题研究人员开发了多种修饰手段用于改进和优化多酸的催化性能，如将多酸化合物负载在二氧化硅、二氧化钛以及碳基材料等基质上，从而克服了催化剂存在的缺点，进一步扩展了催化剂的应用范围并提高了性能。

　　2014 年，一种过渡金属单取代多酸修饰的三维有序大孔的钛光催化剂 $K_5[Co(H_2O)PW_{11}O_{39}]-(EtO)_3SiCH_2CH_2CH_2NH_2\text{-}TiO_2$（简称为 3DOM $PW_{11}Co\text{-}APS\text{-}TiO_2$）由研究人员利用自组装的方法制备出来[10]。研究发现，3DOM $PW_{11}Co\text{-}APS\text{-}TiO_2$ 催化剂具有锐钛矿型结构，结构中的单取代型多酸 $PW_{11}Co$ 与 3DOM TiO_2 之间以 $(EtO)_3SiCH_2CH_2CH_2NH_2$（APS）为桥联剂，通过 Co-N 键结合在一起（图 2-4）。与单体 3DOM 的 TiO_2 和单

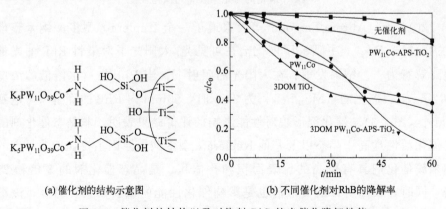

(a) 催化剂的结构示意图　　　　(b) 不同催化剂对RhB的降解率

图 2-4　催化剂的结构以及对染料 RhB 的光催化降解性能

取代型多酸 $PW_{11}Co$ 相比，该材料具有很宽的光吸收范围。结构中 3DOM 的大孔结构有利于提高催化底物的扩散行为，从而提高催化剂的催化活性。催化性能研究发现，催化剂在紫外光以及微波辅助照射下，对 RhB、水杨酸、刚果红和孔雀石绿表现出优异的光催化降解性能，比单纯的 $PW_{11}Co$ 多酸、3DOM TiO_2 以及 $PW_{11}Co$-APS-TiO_2 表现出更好的催化活性。而且，结构中的 $PW_{11}Co$ 多酸在催化反应过程中没有发生流失行为，说明催化剂具有很好的稳定性。

2016 年，Mahmoodi 等人在合成（3-氨基丙基）三甲氧基硅烷修饰的钴铁氧体（CF）纳米颗粒的基础上，进一步将 Keggin 型杂多酸 $H_3PW_{12}O_{40}$ 固定在改性的钴铁氧体（MCF）纳米颗粒上，得到了一种环境友好型的磁性催化剂（IPMCF）[11]。分析结果表明，在氢氧化钠和乙二胺溶液中，Fe^{2+} 和 Co^{2+} 离子以化学共沉淀的方式形成了 CF 磁性纳米颗粒，（3-氨基丙基）三甲氧基硅烷利用甲氧基与 CF 的羟基连接，得到了硅烷化的 MCF。杂多酸 $H_3PW_{12}O_{40}$ 以静电作用成功地固定在其表面，从而形成了催化剂 IPMCF。催化性能研究表明，在紫外光照射下，催化剂 IPMCF 对染料酸性橙 95（AO95）、酸性红 18（AR18）、直接红 81（DR81）表现出优异的光催化降解行为，并具有良好的结构稳定性和循环使用性。与最初的催化剂相比较，IPMCF 的催化性能有所提高（图 2-5）。另外，催化剂用量、染料浓度和盐的种类对染料降解有着重要的影响。

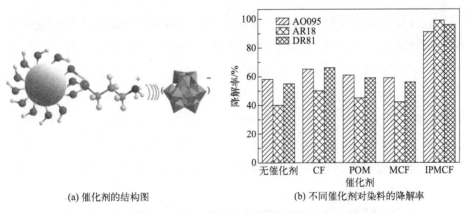

(a) 催化剂的结构图　　　　(b) 不同催化剂对染料的降解率

图 2-5　催化剂 IPMCF 的结构和对染料的光催化降解性能

2017 年，Gubbuk 等人利用 Keggin 型硅钨酸 H_4SiW_{12}（SiW）纳米粒子去修饰还原氧化石墨烯（rGO），得到了一种 SiW 多酸修饰的还原氧化石墨烯纳米复合材料 rGO-SiW[12]，并通过红外光谱、拉曼光谱、粉末 X 射线衍射、原子力显微镜和扫描电子显微镜等分析技术对材料进行了详细的表征，同时调查了材料的光催化降解有机染料的催化性能。分析表明，SiW 纳米颗粒在还原氧化石墨烯薄片上均匀分布着。SiW 纳米颗粒并不是以共价连接的方式与石墨烯结合，而是依靠着 rGO 与 SiW 多酸之间的电子转移连接和静电连接而产生的强吸附相互作用。而且，rGO-SiW 显示了更宽的强吸收带（图 2-6）。催化性能研究结果表明，以 NabH₄ 为还原剂，在紫外光照射下，材料 rGO-SiW 对有机染料亚甲基蓝（MB）和 RhB 展示出高效的光催化降解行为。

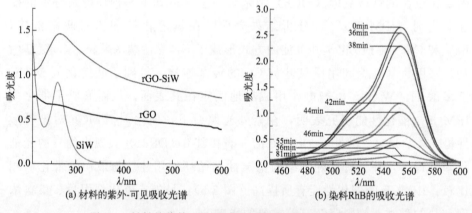

(a) 材料的紫外-可见吸收光谱　　(b) 染料RhB的吸收光谱

图 2-6　材料的紫外-可见吸收光谱和染料 RhB 的吸收光谱

2020 年，研究人员利用浸渍法合成了一系列多酸和载体不同配比的钒取代的 Keggin 型多酸 $PMo_{11}V$ 掺杂的氮化碳杂化材料，即 POM/g-C_3N_4[13]。红外光谱、粉末 X 射线衍射和漫反射光谱分析表明，多酸 $PMo_{11}V$ 在 g-C_3N_4 上成功实现了负载。光催化性质研究表明，在可见光照射的条件下，多酸与 g-C_3N_4 的掺杂比为 1∶3 的杂化材料，对染料 MB 和活性红（X-3B）具有优异的光催化降解性能，催化活性优于掺杂比为 1∶1 和 1∶5 的杂化材料（图 2-7）。多酸 $PMo_{11}V$ 和 g-C_3N_4 的协同作用提高了材料的光催化性能。

金属-有机框架的多孔和多笼的结构特征，使其能够表现出较高的比表面积和令人满意的结构稳定性。因此，将金属-有机框架与多酸相结合，也成为改进和提高多酸基材料的重要手段。至今，研究人员已经开发和利用大量的有机配体，构筑了结构多样、性能优异的多酸基催化材料。

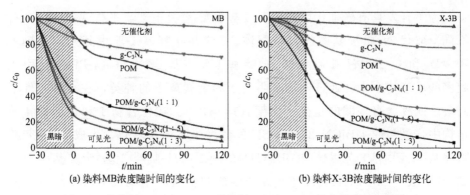

图 2-7　催化剂 POM/g-C₃N₄ 对染料 MB 和 X-3B 的光催化降解性能

　　2020 年，研究人员使用紫精配体 N-(3-羧基)-4,4′-联吡啶 （CPBPY）作为有机单元，以 $PW_{11}Cu$ 多酸为无机建筑单元，在水热条件下合成了一个多酸基金属-有机框架材料 $[Cu_2(H_2O)_3(CPBPY)_2(CuHPW_{11}O_{39})]\cdot 7H_2O$[14]。结构分析表明，CPBPY 配体由三核铜簇连接成为一个类轮烷状的一维链结构，$PW_{11}Cu$ 多酸离子以共价键的形式连接在这个链的两侧。光催化行为研究发现，所得到的材料在紫外光、可见光、甚至近红外光的照射下，对染料 MB 的降解具有很强的光催化能力 （图 2-8）。在全光谱光的照射下，20min 内可实现 MB 溶液的完全降解。在可见光照射下，40minMB 的降解率高达为 99.3%。近红外光照射 80min，MB 的降解率接近 100%。这些结果说明，含有配体 CPBPY 的金属-有机框架与多酸的结合，有利于调节催化剂的能带结构，控制光催化剂的光能间隙，缺乏电子的主体框架和客体多酸团簇之间的相互作用加强了光生电子-空穴的分离，提高了材料的催化性能。

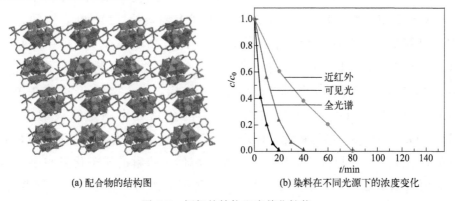

(a) 配合物的结构图　　　　　(b) 染料在不同光源下的浓度变化

图 2-8　框架的结构和光催化性能

为了开发具有光催化性能的多酸基金属-有机框架，王祥课题组将含有不同单取代 *N*-质子基团的氰基配体 4-(苯并咪唑基-1-亚甲基)苯甲腈（4-BICN）和 4-[2-(1*H*-吡唑-3-基)吡啶基-1-亚甲基]苯甲腈（4-PPCN）引入到多酸反应体系中，通过调控多阴离子和金属离子的种类，在水热条件下制备了四种含有多酸的超分子框架（**1~4**）[15]。在化合物 **1** 和化合物 **4** 的结构中，最初的 4-BICN 和 4-PPCN 配体发生了原位转化，生成了 4-(苯并咪唑基-1-亚甲基)苯甲酸(4-BIBAH)和 4-[2-(1*H*-吡唑-3-基)吡啶基-1-亚甲基]苯甲酸（4-PPBAH）配体，并与多酸和金属离子配位形成了结构不同的框架结构（图 2-9）。性质研究发现，在紫外光照射下，四个化合物对有机染料结晶紫（CV）和 MB 的降解都具有较好的光催化活性，并具有良好的循环催化能力和结构稳定性，180min 内染料的降解率能达到 98% 以上。该研究成果为多酸基框架催化剂的开发提供了一个新的合成途径。

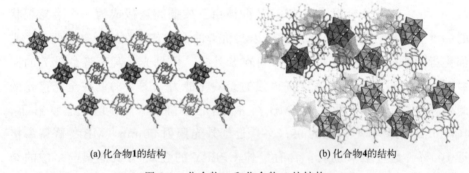

(a) 化合物**1**的结构　　　　　　　　　　(b) 化合物**4**的结构

图 2-9　化合物 **1** 和化合物 **4** 的结构

王秀丽课题组开发了一系列酰胺类配体，并成功地制备了多种多酸基金属-有机框架光催化材料[16-18]。例如，使用单酰胺配体 *N*-(喹啉-5-基)-1*H*-咪唑-4-甲酰胺（L）构筑了四种基于同多钼酸盐 $[Mo_8O_{26}]^{4-}$ 的化合物，$[M(HL)_2(\beta\text{-}Mo_8O_{26})]$（**5**，M＝Co；**6**，M＝Ni；**7**，M＝Zn）和 $[Cu_2(HL)_2(\mu_2\text{-}OH)_2(\beta\text{-}Mo_8O_{26})]$（**8**）[19]。这些化合物展示了以 $[\beta\text{-}Mo_8O_{26}]^{4-}$ 多阴离子链为基础的二维超分子结构。化合物 **5**~化合物 **7** 中均含有一种 $[M(HL)_2]^{4+}$ 单核结构单元，配合物 **8** 中则是双核的 $[Cu_2(HL)_2(\mu_2\text{-}OH)_2]^{4+}$ 结构单元，体现了金属阳离子对化合物 **5**~化合物 **8** 结构的显著影响。在超分子结构的形成中，配体中喹啉的质子化氢与多阴离子表面氧原子之间的氢键作用发挥了至关重要的作用。催化性能研究表明，配合物 **5** 和配合物 **8** 对有机染料龙胆紫（GV）和 MB 均具有良好的光催化性能（图 2-10）。此结果为多酸基催化材料的开发提供了一定的可筛选配体和实验基础。

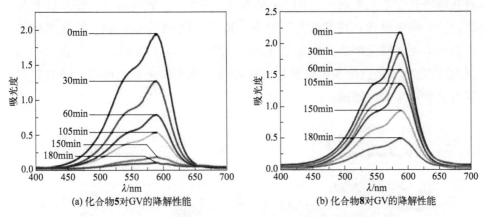

(a) 化合物**5**对GV的降解性能　　　　(b) 化合物**8**对GV的降解性能

图 2-10　化合物 **5** 和化合物 **8** 对 GV 的光催化降解性能

2.2.2　抗生素的光催化降解

随着医药行业的突飞猛进的增长，大量抗生素类药物逐渐出现。抗生素主要广泛应用于医疗、保健、家畜养殖等领域，已成为改善人类健康和生活水平的必备药物。然而，由于抗生素通常不会被机体完全吸收或代谢，大部分作为原组分或衍生物排放至自然环境中，在世界范围内已经引发了严重的环境污染。因此，去除环境中残留的抗生素至关重要。传统的生物处理方法在处理抗生素问题上显得很薄弱。相比之下，氧化工艺在去除水环境中抗生素方面显示出巨大潜力。目前的方法主要包括 Fenton 氧化法、臭氧氧化法、光催化法等。因此，开发有效的光催化剂便成为这些方法的关键问题。多酸及其衍生物，因其具有优良的氧化还原能力、强酸性、制备路线简单、反应活性高、无腐蚀、稳定性好等优点，在催化剂领域备受关注。至今，研究人员已经开发出大量的多酸基催化材料，研究了其在光催化降解抗生素方面的催化性能。

刘金库等人报道了一种具有三维纳米棒结构的多酸类氧化钒银催化剂 $Ag_4V_2O_7$[20]。催化实验结果表明，当 pH 为 7、Ag 和 V 的比例为 10 时，得到的催化材料 SVO7-10 在染料 RhB 的降解中表现出最佳的光催化性能，是纯催化剂 $AgVO_3$ 的 4.64 倍。性能提高的原因在于材料 SVO 中 Ag/V 比例的增大，导致了材料价带的负移和窄的带隙，纳米棒形貌可以有效地分离和传输光生载流子，质子的局部聚集效应增加了材料表面的羟基密度，从而提高了 $Ag_4V_2O_7$ 材料的光催化活性。作者还进一步调查了这个催化材料在降解抗生素氟苯尼考（FF）、硫霉素（TAP）、氯霉素（CAP）的光催化行为。结果发现，在氙灯的照射下，以 SVO7-10 为催化剂，抗生素的半衰期比不含有催化剂的分别缩短了 68.74%、50.14% 和 82.34%（图 2-11），说明 SVO7-10 在抗生素的降解过程中起到了重要的光催化作用，特别是对氯霉素类抗生素的降解。

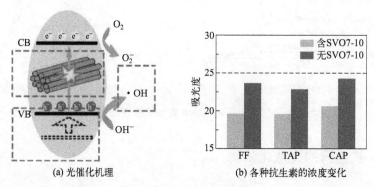

图 2-11　SVO 的催化机理及对 FF、TAP 和 CAP 的光催化降解性能

历凤燕等人以 Na_{12} $[WCo_3^{II}(H_2O)_2(Co^{II}W_9O_{34})_2]$ · $(46～48)H_2O$ (Co_5W_{19}) 和 $Co(NO_3)_2$ · $6H_2O$ 为原料，通过水热合成的方法，制备了一个以钴取代的 Silverton 型多酸为骨架的材料 $H_6\{Co_6W_{10}O_{42}[Co(H_2O)_4]_3\}$ · $2H_2O(Co_9W_{10})$[21]。固体漫反射实验结果表明，材料 Co_9W_{10} 的带隙值为 2.74eV，表明其具有半导体性质，是潜在的光催化剂。作者进一步将聚噻吩（PTh）与材料 Co_9W_{10} 结合，制备出了不同比例的 $x\%$ PTh/Co_9W_{10} 复合材料（$x=0.5,1,2,5$），并研究了这个复合材料对抗生素四环素（TH）的光催化降解性能。在可见光照射下，复合比为 2% 的 PTh/Co_9W_{10} 材料显示出了最好的光催化性能，而且具有良好的稳定性和重复性，2h 内对 TH 的降解率可达到 74%（图 2-12），高于 Co_9W_{10} 自身以及其他比例的复合材料。

梁玉军等人合成了一个具有（010）优势面的铁取代的多酸 Fe-POM 修饰的 Bi_2MoO_6 复合材料 Fe-POM/BMO，并将其作为光-Fenton 催化剂，调查了其对常见抗生素包括氧氟沙星（OFL）、诺氟沙星（NOR）、环丙沙星（CIP）和磺胺甲噁唑（SMX）的光催化降解性能[22]。通过对材料的组

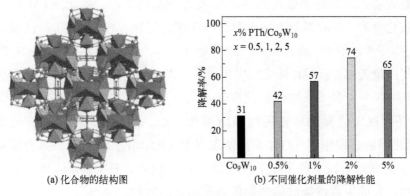

(a) 化合物的结构图　　(b) 不同催化剂量的降解性能

图 2-12　Co_9W_{10} 的结构及对 TH 的光催化降解性能

成和电子结构分布分析得出，材料属于氧空穴富集的 Fe-POM/BMO 异质结构，Fe-POM 纳米点锚定在 Bi_2MoO_6 纳米片表面，但没有改变表面结构，Bi_2MoO_6 的暴露晶面为 {010} 面（图 2-13）。催化性能研究显示，材料 Fe-POM/BMO 作为光-Fenton 催化剂，对抗生素 OFL、NOR、CIP 和 SMX 均能表现出很好的催化降解行为，降解率分别能达到 98.68%、93.69%、89.78% 和 81.82%；而且催化剂在广泛的 pH 范围内表现出很强的稳定性。结果表明，Fe-POM/BMO 异质结或可作为一种有前途的光-Fenton 催化剂，在高效安全处理废水中抗生素方面具有巨大应用潜力。

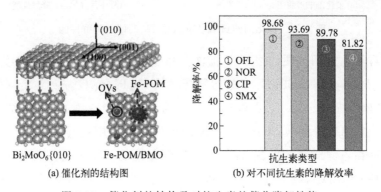

(a) 催化剂的结构图　　(b) 对不同抗生素的降解效率

图 2-13　催化剂的结构及对抗生素的催化降解性能

　　刘壁铭等人以 Keggin 型磷钨酸（PWA）为活性组分，将其与聚苯胺（PAN）掺杂，制备了一种具有光催化性能的聚合物复合材料（PWA/PAN），并将复合材料应用于 Fenton 类体系中，考察了降解 TC 的光催化性能[23]。通过对材料的表征得出，多酸 PWA 以稳定的结构均匀地分散在 PAN 载体中，载体 PAN 固有的链状结构依然保持不变（图 2-14）。催化性能研究表明，与常见的非均相 Fenton 类催化剂相比较，催化剂 PWA/PAN 对过氧化氢和 TC 的降解表现出很好的光催化活性。在 pH 为 6～11 的自然水体中，PWA/PAN 能有效地催化分解 H_2O_2。在温度为 20℃、pH 为 7、催化剂的量为 0.5g/L 的最佳反应条件下，30min 内对抗生素 TC 的降解效率接近 100%，H_2O_2 的分解效率达到 0.1010min^{-1}，而且催化剂 PWA/PAN 还表现出优异循环使用性和结构稳定性。催化机理表明，在抗生素 TC 催化降解过程中，•OH 自由基起到主要的作用。该研究成果有望解决 Fenton 类催化剂在中性 pH 下易失活、稳定性差、H_2O_2 分解效率低等常见问题，为抗生素污染的治理提供新催化材料底物。

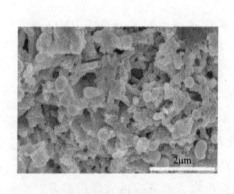
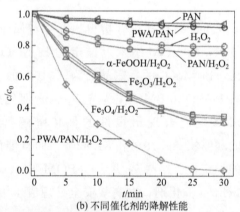

(a) 催化剂的形貌图　　　　　(b) 不同催化剂的降解性能

图 2-14　催化剂的扫描电镜和对 TC 的催化降解性能

　　陈哲等人采用简便的溶解-沉淀法制备了一种以 g-C_3N_4（CN）为载体、基于 $Cs_3PMo_{12}O_{40}$（CPM）多酸的复合材料 $Cs_3PMo_{12}O_{40}$/g-C_3N_4（缩写为 x%CPM/CN；x=2、4、6 和 8）[24]。复合材料是由三维的 CPM 纳米球和二维的 CN 纳米片组成，CPM 与 CN 的界面相互作用表明，CPM/CN 复合材料中存在着异质结的形成（图 2-15）。催化性能研究发现，在可见光条件下，材料 CPM/CN 对抗生素 TC 和环丙沙星（CIP）的降解均有良好的光催化活性。其中，4% CPM/CN 催化剂的光催化活性最佳，对 TC 和 CIP 的光降解率分别达到 83.11% 和 65.43%。良好的光催化性能主要是在于可见光吸收的增强，以及电子空穴的分离和迁移速度的加快，而超氧自由基（•O_2）和空穴（h$^+$）则是去除污染物的主要活性组分。该研究成果为未来合理设计和制备具有良好环保型催化活性的 POMs/CN 基催化剂提供了新的方向。

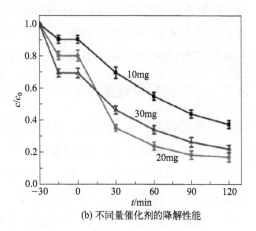

(a) 催化剂的形貌图　　　　　　　　(b) 不同量催化剂的降解性能

图 2-15　催化剂的形貌图及对抗生素 TCH 的催化降解性能

　　Ayati 等人利用磷钨酸（PTA）作为分子桥和局部紫外可切换还原剂，合成了一种金（Au）纳米粒子修饰的基于金属-有机框架 ZIF-8 的纳米材料 ZIF-8@PTA@AuNP，并采用粉末 X 射线衍射、透射电镜等方法对结构进行了表征，同时调查了材料在降解水溶液中四环素（TC）的光催化活性[25]。研究结果表明，ZIF-8 表面同时存在 PTA 和 Au 两种纳米粒子，显著提高了原 ZIF-8 的吸附和光催化性能；材料的带隙为 1.13 eV，明显低于原始的 ZIF-8。在紫外光照射下，对抗生素 TC 的降解率可达到 86%，明显高于 ZIF-8 和 ZIF-8@PTA（图 2-16），而且在很宽的 pH 范围内均能表现出较高的催化行为，且 pH 为 7 时最佳，说明材料 ZIF-8@PTA@AuNP 在降解 TC 方面具有优异的催化性能。机理研究表明，光活性 PTA 桥接层在

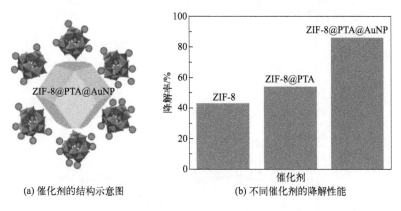

(a) 催化剂的结构示意图　　　　　　　(b) 不同催化剂的降解性能

图 2-16　ZIF-8@PTA@AuNP 的组成和对 TC 的催化降解性能

ZIF-8 和 Au 纳米颗粒之间具有很强的电子转移能力，可以提供额外的驱动力，促进两者之间的电荷转移。该报道所制备的纳米结构可能对水生系统中有机物种的吸附和降解具有广泛的潜在的应用价值。

2.2.3 农药的光催化降解

卤代化合物，如卤代烃、农药、多氯联苯（PCBs）和卤代废液等，由于其致癌性或毒性，在一定程度上对人类的健康和环境已经构成了威胁。尽管人们已经对部分农药，如有机磷类农药（OP）、多氯联苯等的毒性有所了解，但是仍避免不了这些农药在农业害虫防治中的适当使用。因此，如何处理使用后残留在水、空气或土壤环境中的农药或衍生物，已经受到了研究人员的广泛关注。光催化降解技术因能使水中的有机农药污染物在温和的条件下可以完全降解并矿化为无害的无机物的优点，已经受到了越来越多的关注。多酸及其复合材料的强氧化还原能力、强酸性、稳定性好等优点，使其在作为农药降解的有效光催化方面表现出巨大的应用潜力。

Papaconstantinou 以多酸 $H_3PW_{12}O_{40}$ 为光催化剂，研究了其在紫外和可见光下对水溶液中农药杀螟硫磷的光催化降解性能，并与传统的二氧化钛（TiO_2）悬浮液的光降解行为进行了比较[26]。结果表明，在这两种光催化剂的存在下，整个降解过程符合伪一级动力学，农药杀螟硫磷均可实现完全的矿化，最终产物为 CO_2 和无机离子（图 2-17）。作者还使用液相色谱和质谱技术检测和比较了两种光催化剂对杀螟硫磷的降解产物，阐述了光降解机理。分析发现，两种催化剂降解农药杀螟硫磷的中间产物相似，

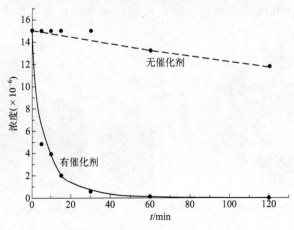

图 2-17 催化剂的光催化降解性能

说明二者的催化降解机制和其他催化剂基本相同，光催化降解过程中起到主要作用的是·OH 自由基。然而，在没有催化剂的情况下，杀螟硫磷的光解是非常缓慢的，远远不能产生完全的矿化。这可能是因为在光催化降解过程中，农药直接吸收光，可能导致了不同的光降解机制。这些研究也暗示了多酸作为降解农药杀螟硫磷有效光催化剂的潜在性。

胡长文等人利用溶胶-凝胶技术，将 $H_3PW_{12}O_{40}$ 或 $H_4SiW_{12}O_{40}$ 与二氧化硅（SiO_2）结合，得到了两种具有微孔特征的基于 Keggin 型多酸的复合材料（$H_3PW_{12}O_{40}/SiO_2$ 和 $H_4SiW_{12}O_{40}/SiO_2$）[27]。这两种复合材料不仅具有均匀的微孔和高的比表面积，而且不溶于水，有利于催化反应结束后催化剂的分离。性质研究表明，在紫外光的照射下，两种复合材料作为催化剂，对有机氯农药——六氯环己烷和五氯硝基苯能够实现完全的光催化降解，最终矿化为 CO_2 和 HCl。这些结果说明，当多酸 $H_3PW_{12}O_{40}$ 或 $H_4SiW_{12}O_{40}$ 被 SiO_2 基质包裹后，多酸的光催化活性得到了很大的提高，·OH 自由基是光催化降解六氯环己烷的主要活性物种。光催化行为研究发现，当体系中两种催化剂含量分别增加到 2.5g/L 和 3.5g/L 时，六氯环己烷显著地转化为 CO_2 和 HCl，说明六氯环己烷的降解是催化剂的光激发引起的，而不是直接光解或在催化剂表面上的催化反应（图 2-18）。而且，两种复合物材料都表现出比纯多酸阴离子更易处理的优点，在八次重复使用过程中，几乎没有发现多酸的流失，说明材料在催化过程中是非常稳定的。本研究证实了多酸/SiO_2 复合材料在非均相光催化降解废水中有机氯化合物的潜力。

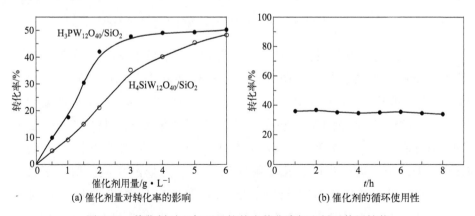

(a) 催化剂量对转化率的影响　　(b) 催化剂的循环使用性

图 2-18　催化剂对六氯环己烷的光催化降解和循环使用性能

利用溶胶-凝胶和水热处理相结合的方法，两种新型基于 Keggin 和 Wells-Dawson 型多酸、具有高效的非均相光催化性能的复合材料 $H_3PW_{12}O_{40}/TiO_2$ 和 $H_6P_2W_{18}O_{62}/TiO_2$ 被成功制备出来[28]。两种催化剂具有纳米级双孔结构，多酸通过与 TiO_2 之间的氢键和化学相互作用固定在 TiO_2 的网络中，并保持着原有的 Keggin 或 Dawson 结构。另外，得到的复合材料具有带隙窄的特征。性能研究表明，在可见光照射下，两种复合材料对水中有机磷农药甲基对硫磷的降解均表现出高效的光催化活性（图 2-19），五次催化循环后，催化剂几乎没有失活现象，同时具有易于分离和回收的优点。结果表明，在光催化过程中，多酸显示了良好的电子转移中介能力，延缓了 TiO_2 上电荷对（h^+-e^-）的快速重组并产生超氧化物，从而提高了整体光催化效率。另外，复合材料的多孔结构和窄带隙也是关键因素。

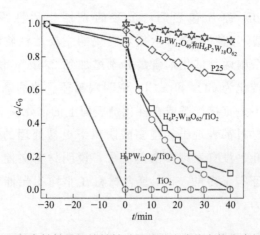

图 2-19　复合材料及初始材料对甲基对硫磷的光催化降解行为

为了考察金属取代型多酸对复合型催化材料性能的影响，研究人员采用溶胶-凝胶和水热法制备了两种含有单取代多酸 $K_5[Ni(H_2O)PW_{11}O_{39}]$（$PW_{11}Ni$）和 $K_5[Co(H_2O)PW_{11}O_{39}]$（$PW_{11}Co$）的、基于 TiO_2 的复合材料 TiO_2-APS-$PW_{11}M$（M＝Ni/Co）[29]。表征结果发现，材料 TiO_2-APS-$PW_{11}M$ 中的 $PW_{11}M$ 多酸在负载到 TiO_2 表面后，仍然能够保留它们的 Keggin 型结构。进一步以催化降解农药六氯苯为模型反应，调查了材料 TiO_2-APS-$PW_{11}M$ 的光催化行为。结果表明，在紫外光照射下，材料 TiO_2-APS-$PW_{11}M$ 对农药六氯苯的降解表现出令人满意的光催化作用（图 2-20），且高于传统 TiO_2 催化性能，说明多酸的使用在提高催化剂性能方面是有效的。催化剂高的光催化活性可能归因于·OH 自由基、·O_2^- 自由基以及 $[W^{5+}—O—W^{6+}]^*$ 的共同作用。

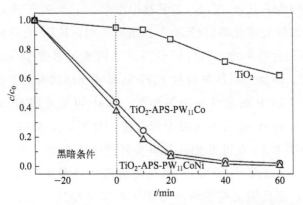

图 2-20 两种复合材料及 TiO_2 对六氯苯的光催化降解行为

Prevot 等人将十钨酸 $W_{10}O_{32}^{4-}$ 插接在具有三维有序大孔（3-DOM）的层状双氢氧化物 Mg_2Al 中，得到了一种新型的复合材料 3-DOM-Mg_2Al-$W_{10}O_{32}^{4-}$，并研究了材料对农药 2-(1-萘基)乙酰胺（NAD）的光催化降解性能，考察了催化剂用量、体系的 pH 值、氧浓度等因素对反应的影响[30]。研究结果表明，当催化剂的浓度为 60mg/L 时，农药 NAD 的降解效果最佳。在波长为 365nm 的光照射下、pH 为 6.6 时，17h 后农药 NAD 的降解率可达到 60%，远大于无催化剂或经典的 Mg_2Al-$W_{10}O_{32}^{4-}$ 光催化剂（图 2-21），矿化产物主要为 H_2O 和 CO_2，而且催化剂在四次循环使用时仍能保持很好的催化活性。这些结果表明了材料 3-DOM-Mg_2Al-$W_{10}O_{32}^{4-}$ 对农药 NAD 具有较好的光催化活性。

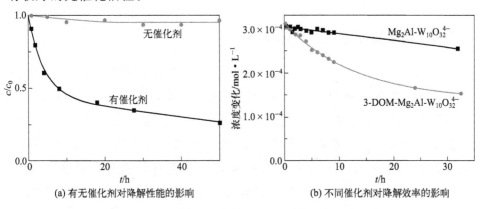

(a) 有无催化剂对降解性能的影响   (b) 不同催化剂对降解效率的影响

图 2-21 不同条件下农药 NAD 的光催化降解行为

Mahjoub 等人报道了一种基于 Keggin 型多酸 $[SiW_{12}O_{40}]^{4-}$、以 1,10-邻菲啰啉为配体的离子型化合物 $[Fe(phen)_3]_2[SiW_{12}O_{40}] \cdot 3DMF$（ICFe），其中 DMF 代表 N,N-二甲基甲酰胺，并研究了其对 2,4-二氯苯酚（2,4-DCP）的光催化降解行为[31]。结果表明，ICFe 的阴离子具有离散的结构，其与配合物单元 $[Fe(phen)_3]_2^{2+}$ 之间通过氢键作用形成了一个三维的超分子层。而反应条件对材料 ICFe 的尺寸和形貌有着重要的影响，同时影响着对 2,4-DCP 的光催化降解性能。紫外-可见光谱显示，材料 ICFe 在 2.25eV 和 3.45eV 处表现出两个带隙值，分别是由 MLCT 和 LMCT 跃迁引起的，表明 ICFe 在可见光区具有良好的吸收能力。在可见光照射下，ICFe 对 2,4-DCP 表现出高效的光催化降解活性（图 2-22），60min 内降解率接近 100%，而且催化剂在各种溶剂中都非常稳定，很容易地从反应容器中分离出来并重复使用。

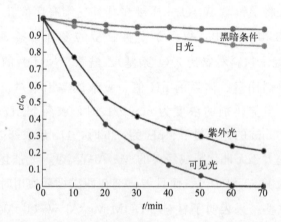

图 2-22　催化剂在不同条件下对 2,4-DCP 的光催化降解性能

2.2.4　重金属离子的光催化降解

Cr(Ⅵ) 由于具有高溶解度、高毒性以及潜在的致癌性，对人类健康和生态系统造成严重威胁。为了有效地去除或降低环境中 Cr(Ⅵ) 的含量，一些常用的技术，如离子交换法、膜分离法、化学沉淀法和吸附法等，在过去几十年里已经得到了广泛的应用。但这些传统方法存在成本高、效率低、能耗大等缺点。光催化技术被视为一种很有前途的、清洁的还原 Cr(Ⅵ) 的新方法，在反应过程中只需要光和光催化剂。因此，开发高效的可用于 Cr(Ⅵ) 的光催化处理的催化材料已成为研究人员关注的热点。

2006 年，Gkika 等人以有机底物水杨酸（SA）或丙醇（i-PrOH）为电子给体，研究了多酸 $[PW_{12}O_{40}]^{3-}$ 和 $[SiW_{12}O_{40}]^{4-}$ 光催化还原 Cr(Ⅵ) 的行为[32]。结果表明，当 $[PW_{12}O_{40}]^{3-}$ 与 $Cr_2O_7^{2-}$ 的化学计量比为 6∶1 时，在黑暗的条件下，Cr(Ⅵ) 便能还原成 Cr(Ⅲ)。体系中多酸或 SA 浓度的增加，能够加速金属的还原和有机物的氧化，表明这两种共轭反应是协同作用的（图 2-23）。然而，当溶液中的 i-PrOH 的浓度较高时，多酸对 Cr(Ⅵ) 的光催化还原作用显得很弱，而在低浓度的 i-PrOH 溶液中则表现得更为突出，尤其是在不直接与 Cr(Ⅵ) 发生光化学反应的有机物 SA 溶液中。同时，Cr(Ⅵ) 浓度的增加，会引起 SA 和 Cr(Ⅵ) 的消耗达到最佳，这主要归因于内滤效应，而氧的存在不影响 SA 的效率和 Cr(Ⅵ) 的消耗。该方法可有效地用于浓度为 $(5\sim100)\times10^{-6}$ 的 Cr(Ⅵ) 溶液，并实现 Cr(Ⅵ) 到 Cr(Ⅲ) 的完全光催化还原。这些实验结果说明，与基于半导体的非均相光催化相比，多酸的均相催化似乎更优越，它能够通过提供更多的活性位点而在整个光照过程中能够保持很好的催化作用。

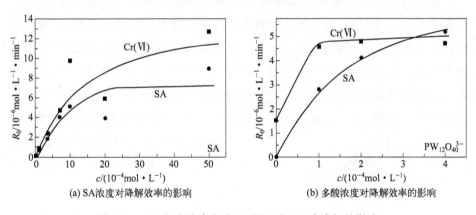

(a) SA浓度对降解效率的影响 　　(b) 多酸浓度对降解效率的影响

图 2-23　SA 和多酸浓度对 Cr(Ⅵ) 和 SA 光降解的影响

王奇等人以 Fe^{3+} 为阳离子，与硅钨酸（$H_4SiW_{12}O_{40}$）结合，采用溶剂热法制备了一种具有可见光催化活性的钨硅酸铁催化剂（FeSiW）[33]。材料 FeSiW 中的多酸保持着完好的 Keggin 型结构。通过考察 Fe^{3+} 与多酸的原料摩尔比对材料的光学性能及电子结构的影响发现，当 Fe^{3+} 与多酸的摩尔比 4∶3 时，FeSiW 上最容易产生电子-空穴对和最低的电荷转移电阻（图 2-24），带隙约为 2.71eV，最低未占据分子轨道（LUMO）和最高未占据分子轨道（HOMO）分别为 0.03 V 和 2.74 V，暗示了材料对 Cr(Ⅵ) 还原的热力学可行性。催化性能研究结果表明，在可见光照射下，pH 为 3 时，FeSiW 表现出很高的光催化还原 Cr(Ⅵ) 的活性，而且在循环使用过程中表现出良好的稳定性。

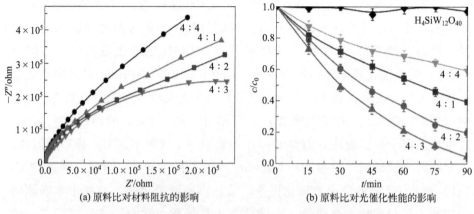

(a) 原料比对材料阻抗的影响   (b) 原料比对光催化性能的影响

图 2-24　原料比对材料 FeSiW 的阻抗和光催化性能的影响

孙再成等人采用静电纺丝和高温焙烧的方法，制备了一种基于 Keggin 型多酸 PW_{12}（PTA）和 TiO_2 的纳米纤维复合材料 Ti-PTA/TiO_2，研究了材料对 Cr(Ⅵ) 的光催化还原能力，以及煅烧温度对催化性能的影响[34]。结果发现，随着煅烧温度的升高，材料 Ti-PTA/TiO_2 的催化能力有所增强。当温度达到 550℃ 时，材料表现出最佳的催化行为，50min 内 Cr(Ⅵ) 的移除率可达到 90%，远高于纯的 TiO_2 纳米纤维的催化活性。材料 Ti-

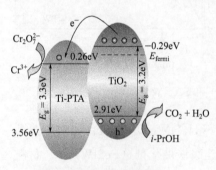

图 2-25　催化剂的催化机理

PTA/TiO_2 表现出较好的光催化行为主要在于材料的介孔形貌有利于对 Cr(Ⅵ) 离子的有效吸附。在材料结构中，Ti-PTA 作为电子的有效传递组分，可以接受 TiO_2 导带中的光生电子，促进 TiO_2 中光生电荷的分离，Ti-PTA 上储存的电子进一步转移到溶液中的 Cr(Ⅵ) 离子上，最终实现 Cr(Ⅵ) 的去除（图 2-25）。

为了探究金属原子种类和比例对催化剂性能的影响，研究人员合成三种基于 CdS 和 Mo/W 比不同的 Wells-Dawson 型多酸的Ⅱ型异质结纳米复合光催化剂，CdS/POM（其中 POM 为 $P_2Mo_xW_{18-x}$，$x=3$，9，15）[35]。三种材料显示出纳米球形貌，平均粒径分布在 80~100nm 之间，光学带隙分别为 2.34eV、2.26eV 和 2.15eV（图 2-26），表现出典型的半导体性能，其光电性能明显优于纯的 CdS 材料。催化性能研究表明，材料 CdS/$P_2Mo_{15}W_3$ 在催化水相 Cr(Ⅵ) 还原反应中表现出最高的光催化活性，催化效率可达到 64%，与纯的 CdS 比较，性能明显提高，其原因在于结构中 CdS 与 $P_2Mo_xW_{18-x}$ 之间 Ⅱ 型异质结构的形成促进了光致电子-空穴的分离和转移。

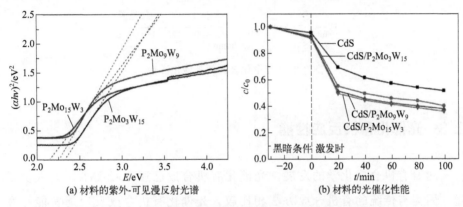

(a) 材料的紫外-可见漫反射光谱   (b) 材料的光催化性能

图 2-26 材料的紫外-可见漫反射光谱以及光催化性能

另外，具有 Cr(Ⅵ) 光还原性能的多酸基金属-有机框架也逐渐地由研究人员开发出来。例如，韩占刚课题组使用 4,4′-二甲基-2,2′-联吡啶（mbpy）作为有机配体，通过调控反应条件，合成了三个含有还原型并具有沙漏构型的多酸基金属-有机框架$[Zn(mbpy)(H_2O)_2]_2[Zn(mbpy)(H_2O)]_2\{Zn[P_4Mo_6O_{31}H_7]_2\} \cdot 9H_2O(\mathbf{9})$，$[Na(H_2O)_2]_2[Zn(mbpy)(H_2O)]_2[Zn(mbpy)(H_2O)_2]_2\{Zn[P_4Mo_6O_{31}H_6]_2\} \cdot 15H_2O(\mathbf{10})$，和$(H_2mbpy)\{[Zn(mbpy)(H_2O)]_2[Zn(H_2O)_2]\}\{Zn[P_4Mo_6O_{31}H_6]_2\} \cdot 10H_2O(\mathbf{11})$[36]。结构分析表明，三个化合物结构中的无机部分分别是零维的簇结构、一维的链状结构和二维层状结构。三个化合物具有较宽的可见光吸收能力、合适的能带结构，以及多阴离子的特殊空间排列等优点，具有潜在的光催化活性。催化性能表明，三个化合物都具有良好的光催化还原 Cr(Ⅵ) 的活性（图 2-27）。其中，化合物 **10** 的光催化性能最佳，在 180min 内，Cr(Ⅵ) 的还原转化率接近 94.7%。光催化机理研究表明，结构中高度还原的沙漏型多酸无机单元的存在，有利于化合物吸收可见光，并诱导光致电子从 Cr(Ⅵ) 转移到 Cr(Ⅲ)，最终实现光催化还原。

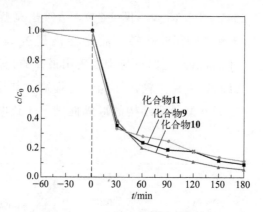

图 2-27　三个化合物的光催化活性

2.3　光催化有机反应性能

随着有机合成化学的发展，光催化有机合成已逐渐吸引了研究人员目光。因为与传统的有机合成方法相比较，光催化有机合成反应通常能够在常温、常压下进行，避免了以往的苛刻反应条件，而且操作简单；同时光催化有机合成反应往往能够有效地避免一些副反应的发生，减少各种副产物，在实现绿色环保的同时，也提升了反应的安全性和可控性。因此，光催化有机合成被人们视为是一种绿色的合成手段，在有机合成领域越来越受到人们的关注和重视。

多酸是一类具有富氧表面的纳米级阴离子金属氧簇，具有独特的氧化还原催化性能，在结构不变的情况下，可以进行分步、快速、可逆的多电子转移反应，被认为是构建光催化剂的关键核心。多酸也可以在分子水平上实现有效的结构修饰和性能调控，从而扩大催化剂的光吸收范围。因此，多酸及其衍生材料逐渐地映入有机合成研究人员的眼帘，作为有机合成的光催化剂受到越来越多的关注。

2.3.1　醇的光催化氧化

早在 1988 年，研究人员以杂多钨酸盐 $[SiW_{12}O_{40}]^{4-}$ 为光催化剂，在近可见光和紫外光的作用下，调查了一系列的伯醇、仲醇、饱和醇和不饱和醇氧化为相应的醛和酮的催化行为[37]。结果发现，当反应物为饱和或不饱和醇时，能够催化氧化成为相应的酮；当选择烯丙醇或丙炔醇时，被催化氧化成为相应的醛类化合物，而结构中的不饱和键依然保持不变。经过至少 20 次光催化循环后，催化剂依然非常稳定。由此可见，杂多钨酸盐 $[SiW_{12}O_{40}]^{4-}$ 在醇的氧化过程中可作为有效的、稳定的光催化剂，而且还具有一定的选择性。

研究发现，其他不同类型的杂多酸也可用于苯甲醇的光催化氧化。例如，Bamoharram 调查了多酸 $H_{14}[NaP_5W_{30}O_{110}]$ 在紫外光照射下对苯甲醇的催化活性[38]。结果发现，在 O_2 或 H_2O_2 存在的条件下，多酸 H_{14} $[NaP_5W_{30}O_{110}]$ 能够将含有不同取代基的苯甲醇，包括 4-硝基苯甲醇、2-硝基苯甲醇、4-甲基苯甲醇以及 2-氯苯甲醇氧化成为相应的醛（图 2-28）。该催化剂表现出选择性高、稳定性高、pH 范围广和光化学活性高的优点。Bond 在使用 Wells-Dawson 型多酸 $[R_4N]_4[S_2M_{18}O_{62}]$（M＝W，Mo）作为催化剂时发现[39]，在可见光的照射和 O_2 存在的条件下，在非常简单的反应条件下，催化剂就能够将苯甲醇选择性地氧化为苯甲醛。催化机理研究表明，通过改变反应中氧气的浓度等条件，便可以提高反应的催化效率。

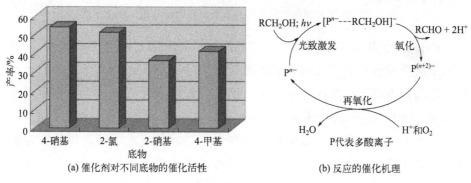

(a) 催化剂对不同底物的催化活性　　　　(b) 反应的催化机理

图 2-28　催化剂对含有不同取代基的苯甲醇的催化氧化活性及催化机理

为了提高或改进可用于醇的催化氧化的多酸基催化剂的性能，研究人员将 TiO_2、g-C_3N_4、ZrO_2 以及 Co_3O_4 量子点等与多酸结合，从而得到了一系列具有更加优异催化活性的多酸基复合材料。例如，为了改进催化剂在可见光范围内的催化性能，曹荣等人把染料硫堇（TH）敏化的 Keggin 型多酸 $[PW_{12}O_{40}]^{3-}$ 与 TiO_2 相结合，得到了一种新的材料 TiO_2-$(PW_{12}$-$TH)_8$[40]。结果表明，在可见光照射下，催化剂 TiO_2-$(PW_{12}$-$TH)_8$ 能够将多种芳香醇类化合物，高选择性地催化氧化成为相应的醛，其光催化活性优于以当时为止报道的任何其他染料敏化体系（图 2-29）。多酸和 TiO_2 助催化剂体系的结合，使催化剂 TiO_2-$(PW_{12}$-$TH)_8$ 具有更高效的电子转移、更大的表面积和更强的可见光吸收，TiO_2 和 PW_{12} 的光响应均可被 TH 敏化到可见光区，避免了系统中光生空穴的产生。这一光催化过程也证实了光催化氧化过程中有效的电子转移，对反应转化率和选择性起着至关重要的作用。

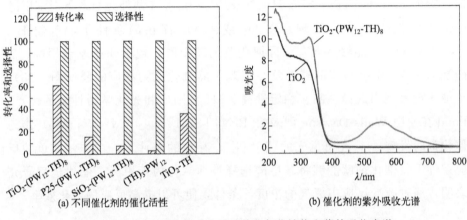

(a) 不同催化剂的催化活性　　　　　(b) 催化剂的紫外吸收光谱

图 2-29　不同光催化剂对苯甲醇催化氧化性能和紫外吸收光谱

Keggin 型多酸 $PW_{12}O_{40}^{3-}$、$SiW_{12}O_{40}^{4-}$ 或 $PMo_{12}O_{40}^{3-}$ 和 CdS 以及 Ag_2S 纳米晶构成的多孔的三元异质结催化剂 $POM/Ag_2S/CdS$，在苯甲醇的选择性催化氧化生成苯甲醛反应中表现出较好的催化行为[41]。催化剂是由六方的三元 $POM/Ag_2S/CdS$ 纳米棒阵列组成，具有大的表面积和均匀的孔隙。性能研究表明，在可见光照射和氧气存在下，催化剂对不同取代的芳香醇到醛的氧化具有很好的选择性光催化活性，其中含有 SiW_{12} 多酸的催化剂活性最高，转化率高于商业 TiO_2 纳米颗粒以及文献报道的其他光催化剂。实验结果表明，$POM/Ag_2S/CdS$ 的固有成分对光催化性能起着关键作用，其中 Ag_2S 和 POM 组分在光催化氧化过程中起到电子穿梭的作用，而 CdS 上的光生电子和空穴沿着 CdS-Ag_2S-POM 界面势梯度能够得到有效分离是光催化活性较高的原因（图 2-30）。

尽管石墨氮化碳（g-C_3N_4）由于其独特的电子结构，是一种很有前途的可见光光催化剂，但其可见光光催化效率相对较低，远远不能满足实际应用的要求。当用多酸对其进行修饰后，或可能够实现对其性能的调控。例如，将 g-C_3N_4 用 Keggin 型的钼取代的钨磷酸 $[PW_4Mo_8]^{3-}$ 进行修饰后，得到的材料 PW_4Mo_8/g-C_3N_4 对醇的催化氧化能够表现出优异的活性[42]。当多酸中的 W 和 Mo 比为 4∶8 时，在可见光照射下和过氧化氢存在下，材料对醇到醛或酮的氧化表现出最高的选择性光催化活性，高于相应的 PW_{12} 的多酸催化剂。反应速率的提高可能是由于 PW_4Mo_8/g-C_3N_4 的氧化还原和酸性。实验也证实，在光催化氧化过程中，主要活性物种包括光生空穴、e^- 和 $\cdot OH$ 自由基（图 2-31）。

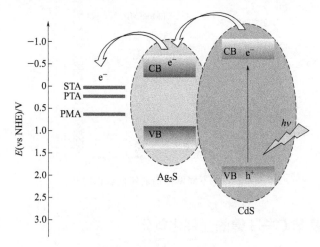

图 2-30　催化剂的电子转移过程

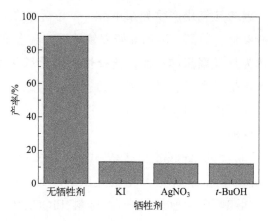

图 2-31　自由基清除剂对苯乙醇氧化产率的影响

　　研究发现，多酸基金属-有机框架在醇的选择性氧化过程中通常也可以表现出好的催化性能。例如，将 Keggin 型多酸 $H_3PMo_{12}O_{40}$ 分子嵌入在多孔的金属-有机框架 MIL-100（Fe）中，得到了一种纳米复合材料 HPMo@MIL-100（Fe）[43]。在可见光下，催化剂对芳香醇的选择性氧化为醛的过程中表现出优秀的光催化活性。当 $H_3PMo_{12}O_{40}$ 分子的负载量为 30％时，得到的 30％HPMo@MIL-100(Fe) 的催化活性最高，优于框架 MIL-100(Fe) 和纯多酸（图 2-32）。而且，催化剂还具有很好的稳定性。分析表明，HP-Mo@MIL-100(Fe) 较高的光催化活性可以归因于光吸收强度的增强，以及光致电子-空穴的更有效分离的综合效应。

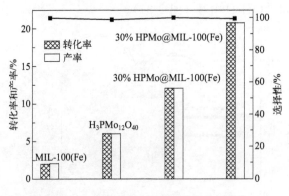

图 2-32　不同催化剂的催化氧化活性

2.3.2　烷基苯 C—H 键的光催化氧化

在温和条件下实现烷基苯 C—H 键的催化氧化是目前学术界和工业界面临的重大挑战。因为其氧化产物如苯甲醇、苯甲醛或苯甲酸可作为多功能中间体，在制造染料、药品、溶剂等研究领域方面具有重要的商业意义，尤其是苯甲醛被认为是最理想的产品。选择性光催化氧化烷烃，尤其是在氧和可见光存在下，是一个具有潜在可行的思路。因此，设计新型的以光为动力，以分子氧为氧化剂的光催化剂，在温和条件下获得满意的选择性氧化甲苯是很有必要的。

Neumann 将钒取代的 Keggin 型多酸 $H_5PV_2Mo_{10}O_{40}$ 作为电子受体，将其与可见光光活性半导体氧化卤化铋（BiOX，X＝Cl，Br），即 BiO-Cl_xBr_{1-x} 相结合，得到了一种新的复合材料 $BiOCl_xBr_{1-x}$ － 2％（wt）$H_5PV_2Mo_{10}O_{40}$[44]。在可见光照射下，该复合材料在对烷基苯 C—H 键表现出良好的有氧催化氧化行为。机理研究发现，用多酸 $H_5PV_2Mo_{10}O_{40}$ 作为强电子受体浸染 BiOX，改变了 BiOX 的反应活性，导致 Mars-van-Krevelen 型反应活性，即光活化氧从 BiOX 转移到有机底物，然后被 O_2 再氧化和催化（图 2-33）。

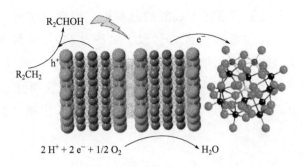

图 2-33 C—H 键的有氧光催化氧化过程

微孔材料因其独特的孔隙结构而广泛应用于催化领域。其中，POM 优异的氧化还原催化性能与微孔材料的特性相结合，表现出相当大的催化潜力。王训等人利用水热合成方法，将阳离子型表面活性剂十四烷基三甲基溴化铵和 Wells-Dawson 型多酸结合，得到了一种螺旋微孔的纳米棒材料（HMNRs）[45]。详细的表征证实结构中存在着以二维六边形堆积方式排列的一维螺旋微孔。性能研究表明，HMNRs 对甲苯的选择性氧化表现出较强的光催化活性，苯甲醛选择性高达 94%（图 2-34），同时催化剂具有很好的循环使用性和稳定性。

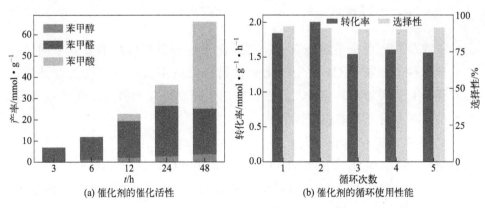

图 2-34 不同反应时间下各产物的产率和催化剂的循环性

与金属-有机框架的结合，也是优化和提升多酸基催化材料的一个有效途径。例如，韩秋霞课题组利用具有光活性的有机桥接配体 N,N'-双(4-吡啶甲基)萘二亚胺（DPNDI）和夹心型杂多酸 $[Co_4(\mu\text{-}OH)_2(SiW_{11}O_{39})_2]^{10-}$（$Co_4W_{22}$）结合，在水热条件下，合成了一个多酸基金属-有机框架 $\{Co_4W_{22}\text{-}DPNDI\}$[46]。该框架在温和条件下，在 365nm 的 LED 光源照射下，以水为氧源，在甲苯 C—H 键的活化生成醛的过程中，表现出了较高的催化活性和循环稳定性，选择性能够达到 80％以上（图 2-35），分析表明，光敏剂 DPNDI 和杂多酸 Co_4W_{22} 的结构的有序排列，有利于促进电子和空穴分离，缩短了载流子的迁移路径，确保了电子和质子快速迁移。水作为氧源在氧化过程中释放了质子，促进了·OH 自由基的生成，提高了产率和选择性。

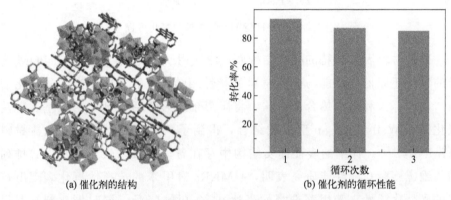

（a）催化剂的结构　　　　　　（b）催化剂的循环性能

图 2-35　催化剂 Co_4W_{22}-DPNDI 的结构和循环催化性能

2.3.3　胺的氧化偶联

亚胺及其衍生物是药物合成、精细化学品等研究领域的重要中间体。在光照条件下，胺与 O_2 的光催化氧化偶联反应不仅具有较高的经济性，而且还具有令人满意的环境友好性。因此，开发高效的催化氧化亚胺合成的光催化剂具有重要的实用价值。

2019 年，刘术侠等人报道了一例由 Mo/Ta/W 三元组分构成的多金属氧酸盐 $(NH_4)_{41}H_7[K_3(H_2O)_3(P_2W_{15}Ta_3O_{62})_6(Mo_2O_4CH_3CO_2)_3(MoO_3)_2]\cdot 85H_2O$，在阐述其结构的基础上，调查了其在胺的氧化偶联反应中的光催化活性[47]。化合物结构是由六个 $\{P_2W_{15}Ta_3O_{62}\}$、三个 $\{Mo_2^{V}O_4(OOCCH_3)^+\}$ 和两个 $\{Mo^{VI}O_3\}$ 以及三个 K^+ 离子连接而成（图 2-36）。在结构的形成过程中，前驱体 $\{P_2W_{15}Ta_3\}$ 较低的氧化还原电位，对化合物最终结构的形成起到至关重要的作用。光学性能表征发现，化合物是红棕色的固体样品，在可见区域表现出较强的光吸收特征。催化性能表明，在模拟太阳光的照射下，以空气中的氧气为氧化剂，化合物可作为有效的多相催化剂，在伯胺衍生物的氧化偶联生成亚胺的过程中，表现出很好的光催化活性，并具有良好的循环催化性，亚胺的转化率均在 90％以上。

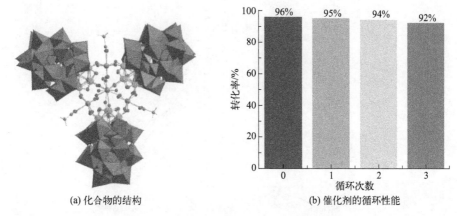

(a) 化合物的结构　　　　　　　(b) 催化剂的循环性能

图 2-36　化合物的晶体结构及循环催化性能

利用含有 Ru 的光敏剂和多酸结合，来实现性能的调控也是一种常见的手段。光敏剂 [Ru(bpy)$_2$(H$_2$dcbpy)]Cl$_2$ 与 Keggin 型多酸 PMo$_{12}$ 和 SiW$_{12}$ 的配位结合，得到两个多酸基金属-有机框架（PMo-1 和 SiW-2）[48]。两个化合物是同构的，展示了三维的超分子结构。光学性能研究发现，光敏剂 [Ru(bpy)$_2$(H$_2$dcbpy)]Cl$_2$ 与多酸的结合，能够增强化合物在可见光区的光吸收，而且提高了载流子分离效率，有利于提高化合物的光催化活性（图 2-37）。催化活性调查表明，在可见光的条件下，两个化合物都表现出良好的胺的光催化氧化偶联活性，尤其是化合物 PMo-1 作为催化剂时，30min 内胺的氧化偶联反应收率为 99.6％，TOF 值可达到 6631.6h^{-1}，催化性能优于之前报道的任何其他光催化剂。

由于目前大多数光催化剂都是基于光敏剂来增加可见光的吸收，如常见的光敏有机染料、贵金属和有机配体结合的过渡金属配合物等。因此开发无需光敏剂的可见光催化剂是十分必要的。魏永革课题组合成了一种不需要光敏剂的纯无机的可见光催化剂 Na$_4$[NiMo$_6$O$_{18}$(OH)$_6$][49]。该催化剂在 400nm 的可见光照射且无需光敏剂的条件下，对氯化物与胺的氧化交叉偶联反应，以及氯的分子氧氧化反应都能表现出选择性高、收率好的高效催化活性（图 2-38），而且该催化剂在催化过程中表现出优异的稳定性和可重复使用性。该研究成果为开发高效的、无需使用光敏剂的光催化剂提供了可行的路径。

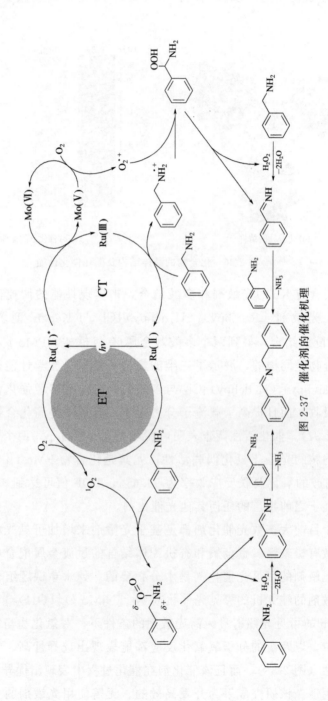

图 2-37　催化剂的催化机理

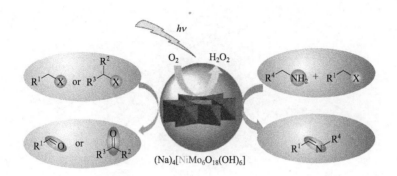

图 2-38　$Na_4[NiMo_6O_{18}(OH)_6]$ 光催化氧化有机氯化物及与胺的氧化偶联反应

2.3.4　环己烷的氧化

2022 年，Maldotti 等人利用浸渍法，将十钨酸酯 $(n\text{-}Bu_4N)_4W_{10}O_{32}$ 分别分散在非晶态的 MCM-41 型二氧化硅上，从而得到了一种高效稳定的环己烷氧化的光催化剂 $SiO_2SC/W10\%$[50]。与无定形二氧化硅相比较，MCM-41 较大的表面积使十钨酸酯分散得更好，在能够保持有序结构的同时，还会产生大量分散的、间距良好的、结构明确的活性位点。在分子氧和近紫外光的作用下，催化剂在环己烷氧化为相应的醇和酮的反应中表现出很高的催化活性、选择性和循环使用性。实验结果表明，载体形态对十钨酸酯光催化活性的影响主要体现在氧化产率和选择性。将十钨酸酯分散到更有序的 MCM-41 二氧化硅上后，不仅保持了其本身的光催化效率，而且提高了选择性。

赵俊伟等人利用多酸 $[(n\text{-}C_4H_9)_4N]_4[W_{10}O_{32}]$ 和有机配体 3-氨基-4，4′-联吡啶（NPY），成功地合成了一个具有一维亲疏水通道的多酸基金属-有机框架 $\{[Cu(NPY)_2(DMF)]_2(W_{10}O_{32})\}\cdot DMF\cdot 3CH_3CN$（简称 DT-NPY）[51]。性质研究表明，以分子氧为氧化剂，在可见光的条件下，DT-NPY 对环己烷氧化为环己酮和环己醇反应表现出明显的光催化活性（图 2-39），并具有较高的催化效率、稳定性和良好的可回收性。该结果对己烷氧化为环己酮和环己醇反应的高效催化剂的开发提供了可行的思路。

2.3.5　光催化氧化脱硫

硫化物的氧化已经越来越受到人们的关注，一方面化石燃料中的含硫

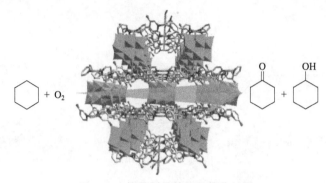

图 2-39 催化剂的结构及催化过程

化合物已成为空气污染的主要来源，对人们的健康和生活环境造成了不良影响；另一方面，硫化物选择性氧化成的亚砜类化合物在医药等领域具有重要的应用价值。因此，实现硫化物的氧化或选择性氧化至关重要。光催化技术作为一种绿色、简单的催化手段，目前已得到广泛的认可。尤其是在可见光照射下，用 O_2 光催化氧化硫化物具有工艺简单、环境友好、反应条件温等优点。

为了开发具有可见光催化性能的催化剂，牛景杨课题组把贵金属配合物光敏剂 ［Ru(bpy)₂(dcbpy)］和多酸结合，制备了一种多酸基催化剂 RuCd－SiW[52]。研究表明，光敏剂 ［Ru(bpy)₂(dcbpy)］的引入，能够将催化剂 RuCd－SiW 的光吸收范围扩大到可见光，有利于提高催化剂在可见光下的催化性能。催化活性调查结果发现，在可见光照射下，以 O_2 为绿色氧化剂，RuCd-SiW 对苯硫醚类化合物选择性氧化为亚砜的反应中，表现出高效的光催化活性，收率可高达 99.5%（图 2-40），同时经过五次循环使用后，催化剂依然能够保持良好的结构稳定性和较高的催化活性。

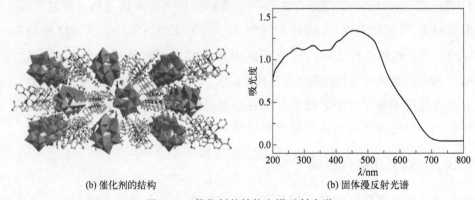

(b) 催化剂的结构　　　　　　　(b) 固体漫反射光谱

图 2-40 催化剂的结构和漫反射光谱

缺电子的苝二亚胺衍生物（PDIs）有机配体与 Keggin 型多酸 SiW_{12} 结合，也能得到三个具有可见光催化活性的催化剂 $(Me_4\text{-}PDI)_2 \cdot SiW_{12}O_{40}$ （**12**），$(Me_4\text{-}Br_2\text{-}PDI)_{1.5} \cdot SiW_{12}O_{40}$ （**13**）和 $(Me_4\text{-}Cl_4\text{-}PDI)_2 \cdot SiW_{12}O_{40}$ （**14**）[53]。在可见光照射下，O_2 为氧化剂时，三个化合物在 2-氯乙基硫化物（CEES）的选择性光催化氧化方面表现出很好的活性，并具有良好的稳定性。尤其是化合物 **14**，60min 内氧化产物亚砜的转化率和选择性均可以达到 99% 以上（图 2-41）。化合物能够表现出良好的催化活性的原因主要在于，结构中电子供体 PDIs 和多酸受体之间的非共价相互作用，不仅可以提高催化剂的光化学稳定性，而且还可以促进分子间电荷的转移。同时，光敏剂 PDIs 在增强 CEES 的可见光催化氧化过程中也起到了重要的作用。

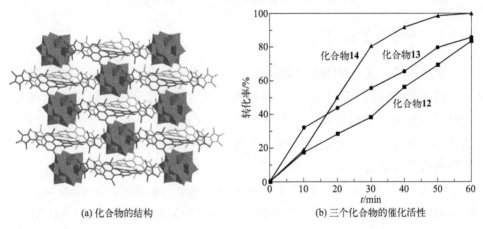

(a) 化合物的结构　　　　(b) 三个化合物的催化活性

图 2-41　化合物 **14** 的结构以及在相同时间内三个化合物的催化活性

另外，通过多酸来修饰 TiO_2 也可以实现催化剂性能的调控，如采用溶胶-水热法制备的 Anderson 型多酸 $(NH_4)_4ZnH_6Mo_6O_{24}$ 修饰 TiO_2 所得到的纳米材料 $Zn\text{-}Mo/TiO_2$[54]。表征发现，催化剂具有较窄的带隙、较高的孔隙度和比表面积。性能研究表明，在可见光照射下，催化剂在氧化脱硫反应中表现出非常高的催化活性，室温下便可实现二苯并噻吩的完全催化氧化，生成砜类化合物，30min 内转化率可达到 100%（图 2-42），其性能优于以往报道的同类催化剂的催化性能。机理研究表明，催化过程中的主要活性组分为超氧自由基和空穴，结构中多酸与 TiO_2 的协同作用，有利于促进光生电子与空穴的转移与分离，从而增强了催化剂的光催化活性。

该研究凸显了纳米片催化剂的电子结构在光催化氧化脱硫体系中的重要性，为未来此类催化剂的继续开发开辟了可行的思路。

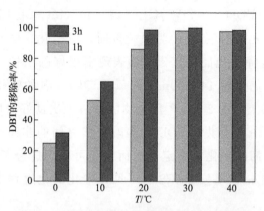

图 2-42 反应时间和温度对催化剂性能的影响

2.3.6 光催化氮的固定

众所周知，氨（NH_3）是世界上产量最高的化学产品之一，其主要用于合成氮肥。同时，NH_3 也是一种很有前景的能源载体，可以用于储存和运输可再生氢。光催化固氮作为一种绿色、可持续、安全、无污染的工艺，已被广泛研究用于合成氨。因此，开发性能优异的可用于光催化氮的固定光催化剂非常必要。

2019 年，陈维林等人报道了三种基于 Keggin 和 Wells-Dawson 型多酸的还原氧化石墨烯（r-GO）复合纳米材料 r-GO@P_2Mo_{18}，r-GO@PMo_{12} 和 r-GO@$PMo_{10}V_2$，并将其用于光催化 N_2 固定[55]。催化性能研究表明，在常温常压和可见光的氛围下，在无任何其他电子牺牲剂和助催化剂的情况下，三种材料在纯水中具有出色的光催化固 N_2 活性。其中，材料 r-GO@$PMo_{10}V_2$ 的 NH_3 生成效率最高，可达到 $130.3\mu mol \cdot L^{-1} \cdot h^{-1}$（图 2-43），高于 $PMo_{10}V_2$、还原型的 $\gamma PMo_{10}V_2$ 以及大多数早期报道的光催化剂。分析表明，还原后的多酸掺杂到还原氧化石墨烯中后，降低了还原氧化石墨烯的聚集状态，使其能够暴露出更多的活性位点，增强了 N_2 的吸附量；还原氧化石墨烯还能有效抑制电子重组，并将电子快速转移到被吸收的 N_2 上，加速 NH_3 的生成。除此之外，这几种催化剂还表现出更宽的光吸收范围和强的还原性。

2022 年，研究人员将三种 Keggin 型多酸和金属-有机框架 MIL-101

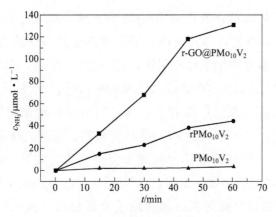

图 2-43　催化剂的催化活性

(Cr) 结合，并通过调控多酸的负载量，得到了多酸基复合型催化剂 POM @MIL-101(Cr)，并研究了催化剂的光催化固氮性能[56]。其中，水热法合成的含有多酸 SiW_{12} 的 POM@MIL-101(Cr) 复合材料，在室温且无牺牲剂的情况下，材料 100-MIL-101 (Cr)-S 对固氮反应表现出良好的光催化活性，NH_3 产率为 $75.56\mu mol \cdot h^{-1} \cdot g^{-1}$，TOF 值为 $1.95h^{-1}$，其催化活性远高于纯的多酸 SiW_{12} 母体 (图 2-44)。分析表明，多酸 SiW_{12} 和框架 MIL-101(Cr) 的协同作用是催化剂具有优异性能的主要原因。在太阳光照射下，MIL-101(Cr) 能够吸附大量 N_2 并产生足够的光生电子，电子通过氢键迅速转移到 SiW_{12} 上。此外，结构中 SiW_{12} 是均匀分布的，避免或减弱了其团聚效应，从而暴露了更多的活性位点。

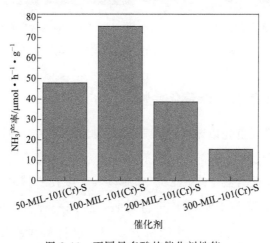

图 2-44　不同量多酸的催化剂性能

使用含有不同数目钒取代型 Keggin 型多酸 $PMo_{12-x}V_x$（$X=0$，1，2，3，8）为无机建筑单元，将其与沸石型咪唑基金属-有机框架（ZIF-67）结合，得到了一系列复合纳米材料催化剂 ZIF-67@PMo_{12}，ZIF-67@$PMo_{11}V$，ZIF-67@$PMo_{10}V_2$，ZIF-67@PMo_9V_3 和 ZIF-67@PMo_4V_8[57]。催化性能研究表明，在常温常压及氙灯照射下，所得到的复合纳米材料在 N_2 固定反应中的催化性能，优于单纯的 ZIF-67 和纯多酸。而且，随着多酸中钒金属数目的增加，复合材料的催化性能逐步提高（图 2-45），催化剂 ZIF-67@PMo_4V_8 的 N_2 固定催化效率最高，1h 可达到 149.0 $\mu mol \cdot L^{-1}$，STA 效率高达 0.032%。通过对催化剂结构和组成分析得出，催化剂的优异性能主要是受 ZIF-67 和多酸二者的协同作用所影响。多孔结构 ZIF-67 能够固定大量 N_2，多酸在光照条件下被还原为还原态，更容易激发电子参与反应。同时，复合纳米材料本身光吸收能力强，电子与空穴分离快，电荷转移电阻小，从而提高了催化剂的性能。

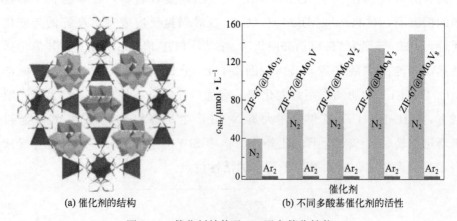

(a) 催化剂的结构　　　　　(b) 不同多酸基催化剂的活性

图 2-45　催化剂结构及 N_2 固定催化性能

2.3.7　光催化合成 N 杂环化合物

Sanchooli 等人首先以苯甲酸和三氟乙酸为调节剂，内消旋-四（4-羧基苯基）卟啉和氯化锆为原料，在溶剂热条件下，合成了具有光热性能的介孔金属-有机骨架化合物 PCN-222。随后以其为多孔支撑基体，利用浸渍方法将 Keggin 型多酸 $H_3PW_{12}O_{40}$ 进行封装，得到一种新型的多酸基多孔复合材料 POM@PCN-222[58]。性能研究发现，该材料在高效合成吡啶 N 杂环化合物方面具有良好的光催化活性。以分子氧为绿色氧化剂，在可见光条件下，以芳香醛、乙酰乙酸甲酯和乙酸铵为初始原料，催化剂能够有效地将其催化合成 N-杂环吡啶衍生物（图 2-46）。与未功能化的 PCN-222 和纯多酸 PW_{12} 相比，复合材料 POM@PCN-222 的催化性能更加突出，并且在三次循环反应中都具有很高的活性。卟啉配体的光敏性能和光热性能，以及与 PW_{12} 和 Zr_6 节点的 Lewis 酸性位点的结合，是催化剂表现出优异性能的主要原因。

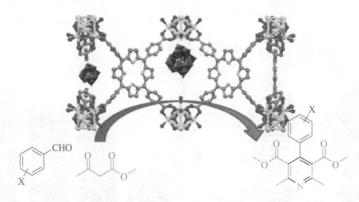

图 2-46　催化剂 POM@PCN-222 的结构及光催化反应过程

　　黄现强等人报道了一种由 1-异丙基咪唑（1-ipIM）有机配体构筑的基于 $[AsW_9]$ 多酸的金属-有机框架 $[Zn(1\text{-}ipIM)_3]_2[Zn_6(AsW_9O_{33})_2(1\text{-}ipIM)_6]\cdot 2(1\text{-}HipIM)$[59]。化合物展示了一种以夹心型多酸 $[Zn_6(AsW_9O_{33})_2]$ 为节点的二重互穿的框架结构。催化性能研究发现，在可见光照射下，以分子氧为氧化剂，在以芳香醛、乙酰乙酸甲酯和乙酸铵为原料合成 N 杂环吡啶衍生物的反应中，化合物表现出优异的非均相催化活性，产率可达到 87%。另外，催化剂在较宽的 pH 范围具有很高的稳定性和循环使用性。化合物优异的催化活性可能是由于锌配合物与夹心型多酸的协同作用，结构中锌的 Lewis 酸位点和多酸单元协同作用，降低反应所需的能垒，有利于反应的有效发生。

　　周振等合成了一种由罕见的含有三配位模式的 Cu(Ⅰ) 金属-有机单元 $\{[(OCH_2)_3CN=CH\text{-}4\text{-}C_5H_4N]Cu\}$ 修饰的 Anderson 型多酸基化合物[60]。结构中的 $[MnMo_6O_{18}]$ 多酸由两个 $\{[(OCH_2)_3CN=CH\text{-}4\text{-}C_5H_4N]Cu\}$ 单元通过醇羟基共价修饰着，形成了一种哑铃型的结构。性能研究表明，以 20W 的白炽灯为光源，在无溶剂条件下，化合物在多种底物的 azide-alkyne 环加成反应中表现出高效的光催化活性，在 4h 内反应可实现完全转化

（图 2-47）。与单纯的 $[MnMo_6O_{18}]$ 多酸相比，修饰后的化合物具有更强的催化活性。机理研究发现，化合物结构中的 Cu（Ⅰ）离子不稳定，在空气中能够发生部分氧化，生成 Cu（Ⅱ）离子，使得化合物是以 Cu（Ⅰ）/Cu（Ⅱ）混合价态方式共存。氧化后的 Cu（Ⅰ）离子又可以通过 $[MnMo_6O_{18}]$ 多酸的光致电子转移过程还原为 Cu（Ⅰ）离子，从而增强了其在 azide-alkyne 环加成反应过程的催化性能。

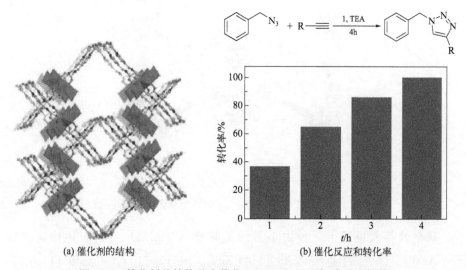

(a) 催化剂的结构　　　　　　(b) 催化反应和转化率

图 2-47　催化剂的结构及光催化 azide-alkyne 环加成反应性能

2.4　光催化产氢及二氧化碳还原性能

近年来，由于全球变暖、环境污染和能源危机的影响，国际上对清洁能源的关注和需求不断增加。氢能是公认的清洁能源之一。水被认为是氢能源最大的潜在供应者。然而，人工催化水裂解析氢析氧技术由于催化裂化过程能耗大、成本高，尚未得到广泛应用。因此，急需开发快速、经济、可靠的光催化剂、电催化剂、光电催化剂进行水裂解。多酸被认为是劈水催化的潜在候选者。多酸除了具有优异的催化性能和可逆氧化还原活性外，还可以对半导体进行改性，克服半导体的缺点，提高光电转换效率和光催化活性，在光电劈水催化领域受到越来越多的关注。与此同时，光催化技术的二氧化碳还原反应（CO_2RR）是缓解全球能源和环境危机的一种很有希望的手段，因此设计和制造高性能的光催化剂至关重要。多酸作为 CO_2

光还原催化剂，因其具有可调的组成、热稳定性、氧化还原反应和可定制的光吸收能力而引起了广泛的研究兴趣。

2.4.1 光催化产氢

过渡金属取代型多酸在光催化产氢方面经常表现出优异的性能，而且与贵金属相比较，具有成本低等优点。2014 年，Hill 等人报道了一种含四核镍簇的杂多钨酸盐 $Na_6K_4[Ni_4(H_2O)_2(PW_9O_{34})_2] \cdot 32H_2O(Ni_4P_2)$[61]。结构分析表明，催化剂的主体结构是由两个三缺位的 $[PW_9O_{34}]^{9-}$ 多酸夹心一个四核镍簇单元 $[Ni_4O_{14}]$ 组成的。以六氟磷酸 4,4′-二叔丁基-2,2′-联吡啶基-双(2-苯基吡啶(1H))铱{$[Ir(ppy)_2(dtbbpy)][PF_6]$} 作为光敏剂、三乙醇胺（TEOA）作为牺牲剂，在可见光照射下，化合物 Ni_4P_2 可作为高效而稳定的光催化产氢催化剂（图 2-48）。在最优化条件下，转换数高达 6500，光催化产氢的周期可达到一周。机理研究证实，在可见光照射下，激发态的 $[Ir(ppy)_2(dtbbpy)]^{+*}$ 分别被 Ni_4P_2 和 TEOA 氧化猝灭和还原猝灭。

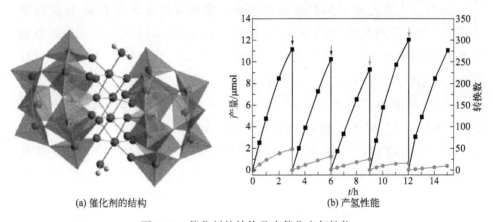

(a) 催化剂的结构   (b) 产氢性能

图 2-48　催化剂的结构及光催化产氢性能

为了制备性能更为优越的催化剂，研究人员又将多酸与半导体材料如 TiO_2、CdS 和 g-C_3N_4 等，制备出协同功能的复合型材料。2018 年，兰亚乾等人合成了一种夹心型多酸 $[Ni_4(PW_9)_2]$ 修饰的 g-C_3N_4 和聚吡咯（GPP@CdS）复合材料[62]。性能研究发现，在可见光照射下，复合材料 40%GPP@CdS 的产氢活性为 $1321\mu mol$，高出 CdS 两倍以上，而且七个催化循环后活性依然保持很好。CdS、g-C_3N_4、PPy 和 $[Ni_4(PW_9)_2]$ 的高效协同作用增强了光催化性能。PPy 和 g-C_3N_4 的同时引入，促进了电子-空穴的分离和光催化稳定性，$[Ni_4(PW_9)_2]$作为高效的电子调制器和额外的催化活性位点。

另外，多酸与功能性金属-有机框架结合，也是制备光催化产氢催化剂的有效手段。例如，在以$[Ru(bpy)_3]^{2+}$二羧酸配体和$Zr_6(\mu_3\text{-}O)_4(\mu_3\text{-}OH)_4$为二级建筑单元构筑的多孔的磷光金属-有机框架（UiO）的基础上，将Wells-Dawson型多酸封装在其中，得到了一种具有高催化活性产氢的催化剂POM@UiO[63]。性质研究表明，光活性金属-有机框架与多酸分子的结合，在光激发下，有利于从光活性框架快速地将多电子注入到封装的氧化还原活性多酸上（图2-49），从而实现高效的可见光催化产氢性能。

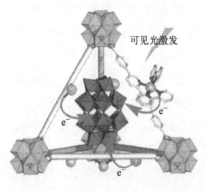

可见光激发

图2-49　可见光激发和电子注入过程

许林等人首先通过溶剂热法将SiW_{12}多酸成功封装在金属-有机框架UiO-67中，得到SiW_{12}@UiO-67。随后，以SiW_{12}@UiO-67为载体负载CdS纳米颗粒和MoS_2/还原氧化石墨烯（M/G），从而得到一种复合材料SiW_{12}@UiO-67/M/G-CdS[64]。材料SiW_{12}@UiO-67/M/G-CdS具有较好的光催化析氢活性。当SiW_{12}@UiO-67质量分数为30%（wt）时，材料SiW_{12}@UiO-67/M/G-CdS的光催化产氢率最高，在5% M/G的条件下可达到$1.27\,mmol \cdot h^{-1}$（图2-50），效率约为M/G-CdS的两倍。这种光催化活性增强的原因可能是由于SiW_{12}@UiO-67的大比表面积，以及SiW_{12}@

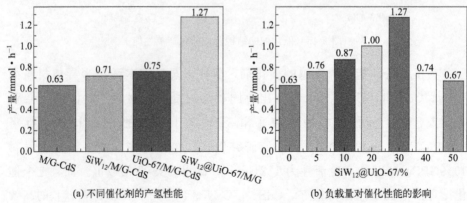

(a) 不同催化剂的产氢性能　　　　　(b) 负载量对催化性能的影响

图2-50　不同催化剂和SiW_{12}@UiO-67负载量的光催化产氢效率

UiO-67 与 CdS 之间的有效异质结构。同时，多酸 SiW_{12} 封装在多孔 UiO-67 中也有利于提高电子的转移能力，加速了光生电子与空穴的分离。

2.4.2　光催化二氧化碳还原

2010 年，Neumann 等报道了一种 Ru 取代的 Keggin 型结构的杂多酸盐 $\{(C_6H_{13})_4N\}_5[Ru^{III}(H_2O)SiW_{11}O_{39}]$[65]。催化性能研究表明，在可见光照射下，以 Et_3N 为还原剂，化合物能够将 CO_2 选择性催化还原为 CO。理论计算表明，催化反应过程中，CO_2 通过形成 Ru-O 键与催化剂中的 Ru^{III} 形成了配位，而 CO_2 的 C 原子与多酸的 O 原子相互作用。CO_2 的亲核 O 原子与 Ru 原子的相互作用，以及 O_2C-NMe$_3$ 两性离子的形成，稳定了 Ru-O 和 C-N 键的相互作用，可能决定了胺对多酸分子活化 CO_2 的促进作用，而多酸同时参与了 CO_2 和 Et_3N 的活化。

2019 年，姚爽等人合成了一种由一个 $\{Co_4O_4\}$ 立方烷、四个 $\{Co_4(OH)_3\}$ 立方烷、四个 VO_4 单元和四个缺位的 $\{SiW_9O_{34}\}$ 多酸共同组成的多核无机簇合物 $K_4Na_{28}[\{Co_4(OH)_3(VO_4)\}_4(SiW_9O_{34})_4]\cdot 66H_2O$[66]。光催化研究表明，在可见光照射下，以 $[Ru(phen)_3]^{2+}$ 为光敏剂，化合物在 CO_2 还原过程中表现出优异的催化活性（图 2-51），CO_2 以高达 99.6% 的选择性转化成为 CO，TON 和 TOF 值分别为 10492 和 $0.29s^{-1}$，其光催化活性远高于大多数当时已报道的分子催化剂。该化合物也是首个具有高效可见光催化 CO_2 还原活性的高核过渡金属类多酸化合物。催化机理研究表明，光敏剂 $[Ru(phen)_3]^{2+}$ 吸收光激发后，有效的电子转移到多酸上进行 CO_2 还原，处于氧化态的 $[Ru(phen)_3]^{2+}$ 又被三乙醇胺还原，从而实现可循环催化。因此，多酸是该催化体系中 CO_2 的还原中心。这些研究成果为未来高效、低成本、可用于 CO_2 还原的光催化剂的开发提供了新的方向。

2018 年，刘术侠等人报道了一个由 Au 纳米粒子（NPs）、Ti 取代的 keggin 型多酸 $[PTi_2W_{10}O_{40}]^{7-}$（PTiW）和 HKUST-1（NENU-3）组成的具有可见光催化活性的催化剂 Au@NENU-10[67]。在催化剂的结构中，多酸 PTiW 不仅充当着电子和质子的储存层，而且作为催化 CO_2 还原的活性中心，HKUST-1 作为收集 CO_2 分子的微反应器，Au 纳米粒子用来吸收可见光。此外，PTiW 暴露在 HKUST-1 的 $\{100\}$ 面上，有利于稳定 Au

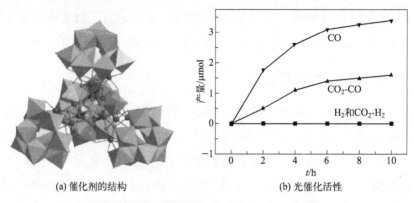

(a) 催化剂的结构　　(b) 光催化活性

图 2-51　催化剂结构和光催化 CO_2 还原活性

纳米粒子，并使之均匀地分散在 NENU-10 中。催化性能研究表明，在可见光照射下，该催化剂表现出较高的 CO_2 还原活性和选择性，与 Au@NENU-3（多酸为 PW）相比较，其 CO 或 H_2 的转化率分别增强了约 85.3 倍和 5.2 倍（图 2-52）。原因主要在于结构中 Ti 取代的 PTiW 多酸具有较高的电子密度，引起 O_d 上产生更多的净电荷，增强了 O_d 与 Cu^{2+} 之间的静电引力，减弱了催化剂在 {100} 方向的生长，使 Au@NENU-10 的负载有 Au 纳米粒子以及 PTiW 多酸的立方体面始终暴露，增强了催化剂的可见光吸收能力。Au 纳米粒子和 PTiW 多酸的直接接触，也进一步促进了电子和空穴分离。此外，取代的 PTiW 多酸比未取代的 PW 具有更强的质子化能力，能够延长催化剂的电子耦合质子的寿命。

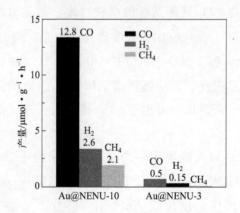

图 2-52　Au@NENU-10 与 Au@NENU-3 的光催化产率的对比

　　2022 年，兰亚乾课题组报道了一个以还原型多酸 {ε-PMo$_8^V$Mo$_4^{VI}$O$_{40}$Zn$_4$} 为节点、((全氟丙烷-2,2-二基)双(4,1-苯)双(氧)双(亚甲基))二

苯甲酸（HL）为有机配体的多酸基金属-有机框架 $TBA_5[P_2Mo_{16}^V Mo_8^{VI} O_{71}$ $(OH)_9Zn_8(L)_4](NNU-29)^{[68]}$。结构分析得知，化合物沿 c 轴方向含有一种一维的菱形通道，而配体 L 上的疏水基团三氟甲基则位于这些通道中。催化性能研究表明，在可见光照射下，以 $[Ru(bpy)_3]Cl_2$ 为光敏剂，该化合物作为多相催化剂，在 CO_2 还原反应中表现出优异的催化性能。反应 16h 后，产物 $HCOO^-$ 的产量和转化率分别为 $220\mu mol \cdot g^{-1} \cdot h^{-1}$ 和 97.9%（图 2-53）。结果证实，以还原型多酸为无机建筑单元的多孔金属-有机框架是潜在的光催化 CO_2 还原的有效催化剂；结构中的含有疏水性基团的有机配体 L，能够使催化剂 NNU-29 具有良好的化学稳定性，并且在一定程度上抑制了氢的产生。该研究工作所阐述的催化剂的结构与性能之间的关系，能够为未来 CO_2 还原的催化剂设计提供可参考的依据。

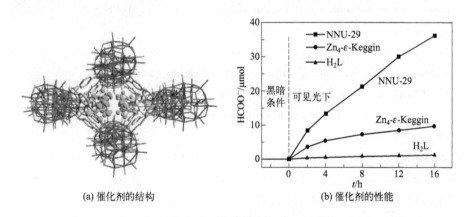

(a) 催化剂的结构　　　　　　　(b) 催化剂的性能

图 2-53　NNU-29 结构中沿 c 轴的菱形通道和光催化 CO_2 还原性能

2.5　多酸基功能材料在光催化方面的应用

综上所述，由于多酸自身的结构多样性和优秀的氧化还原性，使由多酸构筑或修饰的化合物、金属-有机框架及复合材料的结构和性能得到有效的调控，从而实现材料性能的改进和提升。而这些材料通常能够在处理环境的有机和无机污染物、光催化有机反应、光催化产氢以及二氧化碳还原等方面能够表现出优异的光催化活性。因此，具有光催化性能的多酸基材料，在未来的环境治理、有机中间体或医药合成以及能源转化等领域具有重要的应用前景。

参考文献

[1] Jeon J-P, Kweon D H, Jang B J, et al. Enhancing the Photocatalytic Activity of TiO_2 Catalysts[J]. Adv Sustain Syst, 2020, 4(12): 2000197.

[2] Luo J S, Ma L, He T C, et al. TiO_2/(CdS, CdSe, CdSeS) Nanorod Heterostructures and Photoelectrochemical Properties[J]. J Phys Chem C, 2012, 116(22): 11956-11963.

[3] Meng H L, Cui C, Shen H L, et al. Synthesis and photocatalytic activity of TiO_2@CdS and CdS@TiO_2 double-shelled hollow spheres[J]. J Alloys Compd, 2012, 527: 30-35.

[4] Ji X Z, Somorjai G A. Continuous Hot Electron Generation in Pt/TiO_2, Pd/TiO_2, and Pt/GaN Catalytic Nanodiodes from Oxidation of Carbon Monoxide[J]. J Phys Chem B, 2005, 109(47): 22530-22535.

[5] Han G, Kim J Y, Kim K-J, et al. Controlling surface oxygen vacancies in Fe-doped TiO_2 anatase nanoparticles for superior photocatalytic activities[J]. Appl Surf Sci, 2020, 507: 144916.

[6] Janus M, Choina J, Morawski A W. Azo dyes decomposition on new nitrogen-modified anatase TiO_2 with high adsorptivity[J]. J Hazard Mater, 2009, 166(1): 1-5.

[7] Lei P X, Chen C C, Yang J, et al. Degradation of Dye Pollutants by Immobilized Polyoxometalate with H_2O_2 under Visible-Light Irradiation[J]. Environ Sci Technol, 2005, 39(21): 8466-8474.

[8] Tucher J, Wu Y, Nye L C. Ivanovic-Burmazovic I, Khusniyarov M M, Streb C. Metal substitution in a Lindqvist polyoxometalate leads to improved photocatalytic performance [J]. Dalton Trans, 2012, 41(33): 9938-9943.

[9] Garazhian Z, Rezaeifard A, Jafarpour M, et al. {$Mo_{72}Fe_{30}$} Nanoclusters for the Visible-Light-Driven Photocatalytic Degradation of Organic Dyes[J]. ACS Appl Nano Mater, 2020, 3(1): 648-657.

[10] Lu L, Li L, Hu T Y, et al. Preparation, characterization, and photocatalytic activity of three-dimensionally ordered macroporous hybrid monosubstituted polyoxometalate K_5 [$Co(H_2O)PW_{11}O_{39}$] amine functionalized titanium catalysts[J]. J Mol Catal A-Chem, 2014, 394: 283-294.

[11] Mahmoodi N M, Rezvani M A, Oveisi M, et al. Immobilized polyoxometalate onto the modified magnetic nanoparticle as a photocatalyst for dye degradation[J]. Mater Res Bull, 2016, 84: 422-428.

[12] Ucar A, Findik M, Gubbuk I H, et al. Catalytic degradation of organic dye using reduced graphene oxide-polyoxometalate nanocomposite[J]. Mater Chem Phys, 2017, 196: 21-28.

［13］ Zhang D F，Liu T，An C W，et al. Preparation of vanadium-substituted polyoxometalate doped carbon nitride hybrid materials POM/g-C_3N_4 and their photocatalytic oxidation performance[J]. Mater Lett，2020，262：126954.

［14］ Sun X J，Zhang J，Tan A D，et al. A Highly Efficient Near-Infrared-Activated Photocatalyst Based on an Electron-Deficient Copper-Viologen-Polyoxometalate Framework with a Copper $\{Cu_3\}$ Cluster Decorated Phosphotungstate as a Building Block[J]. Cryst Growth Des，2019，19(12)：6845-6849.

［15］ Wang X，Li Y H，Zhang T，et al. Assembly，structures and properties of polyoxometalate-based supramolecular complexes involving in situ transformation of single-branch N-donor cyano ligands[J]. CrystEngComm，2021，23(19)：3477-3487.

［16］ Wang X L，Li L，Wang X，et al. Various amide-derived ligands induced five octamolybdate-based metal-organic complexes：synthesis，structure，electrochemical sensing and photocatalytic properties[J]. CrystEngComm，2021，23(30)：5176-5183.

［17］ Li L，Zhang Y，Wang X，et al. Various amide derivatives induced Keggin-type $SiW_{12}O_{40}^{4-}$-based cobalt complexes：assembly，structure，electrochemical sensing and dye adsorption properties[J]. CrystEngComm，2022，24(6)：1195-1202.

［18］ Pan X，Wang X，Wang X L，et al. Four octamolybdate-based complexes based on flexible bis-imidazole-bis-amide ligands with different lengths：Structure，electrochemical and photocatalytic properties[J]. Inorg Chim Acta，2019，495：118998.

［19］ Li L，Wang X，Xu N，et al. Four octamolybdate complexes constructed from a quinoline-imidazole-monoamide ligand：structures and electrochemical，photocatalytic and magnetic properties[J]. CrystEngComm，2020，22(48)：8322-8329.

［20］ Zhou D，Chen Y X，Yuan X Y，et al. Self-induced synthesis under neutral conditions and novel visible light photocatalytic activity of $Ag_4V_2O_7$ polyoxometalate[J]. New J Chem，2021，45(21)：9569-9581.

［21］ Guo K-K，Yang Y L，Dong S M，et al. Decomposition-Reassembly Synthesis of a Silverton-Type Polyoxometalate 3D Framework：Semiconducting Properties and Photocatalytic Applications[J]. Inorg Chem，2022，61(17)：6411-6420.

［22］ Yang G，Liang Y J，Zheng H，et al. Fe-polyoxometalate nanodots decorated Bi_2MoO_6 nanosheets with dominant $\{010\}$ facets for photo-Fenton degradation of antibiotics over a wide pH range：Mechanism insight and toxicity assessment[J]. Sep Purif Technol，2023，310：123167.

［23］ Liu B M，Teng Y，Zhang X，et al. Novel immobilized polyoxometalate heterogeneous catalyst for the efficient and durable removal of tetracycline in a Fenton-like system[J]. Sep Purif Technol，2022，288：120594.

［24］ Shi H F，Jin T，Li J P，et al. Construction of Z-scheme $Cs_3PMo_{12}O_{40}$/g-C_3N_4 composite photocatalyst with highly efficient photocatalytic performance under visible light irradiation[J]. J Sold State Chem, 2022, 311: 123069.

[25] Akbari Beni F, Gholami A, Ayati A, et al. UV-switchable phosphotungstic acid sandwiched between ZIF-8 and Au nanoparticles to improve simultaneous adsorption and UV light photocatalysis toward tetracycline degradation[J]. Micropor Mesopor Mat, 2020, 303: 110275.

[26] Kormali P, Dimoticali D, Tsipi D, et al. Photolytic and photocatalytic decomposition of fenitrothion by $PW_{12}O_{40}^{3-}$ and TiO_2: a comparative study[J]. Appl Catal B, 2004, 48 (3): 175-183.

[27] Guo Y H, Wang Y H, Hu C W, et al. Microporous Polyoxometalates POMs/SiO_2: Synthesis and Photocatalytic Degradation of Aqueous Organocholorine Pesticides[J]. Chem Mater, 2000, 12(11): 3501-3508.

[28] Li L, Wu Q-Y, Guo Y-H, et al. Nanosize and bimodal porous polyoxotungstate-anatase TiO_2 composites: Preparation and photocatalytic degradation of organophosphorus pesticide using visible-light excitation[J]. Micropor Mesopor Mat, 2005, 87(1): 1-9.

[29] Yang Y, Guo Y, Hu C, et al. Preparation of surface modifications of mesoporous titania with monosubstituted Keggin units and their catalytic performance for organochlorine pesticide and dyes under UV irradiation[J]. Applied Catalysis A: General, 2004, 273 (1): 201-210.

[30] Da Silva E S, Prevot V, Forano C, et al. Heterogeneous photocatalytic degradation of pesticides using decatungstate intercalated macroporous layered double hydroxides[J]. Environ Sci Pollut Res, 2014, 21(19): 11218-11227.

[31] Shahrnoy A A, Mahjoub A R, Morsali A, et al. Sonochemical synthesis of polyoxometalate based of ionic crystal nanostructure: A photocatalyst for degradation of 2,4-dichlorophenol[J]. Ultrason Sonochem, 2018, 40: 174-183.

[32] Gkika E, Troupis A, Hiskia A, et al. Photocatalytic reduction of chromium and oxidation of organics by polyoxometalates[J]. Appl Catal B, 2006, 62(1): 28-34.

[33] Cen Q, Gao Q Y, Zhang C L, et al. Photocatalytic reduction of Cr(Ⅵ) by iron tungstosilicate under visible light[J]. J Colloid Interf Sci, 2020, 562: 12-20.

[34] Zhang D Y, Li X, Tan H Q, et al. Photocatalytic reduction of Cr(Ⅵ) by polyoxometalates/TiO_2 electrospun nanofiber composites[J]. Rsc Adv, 2014, 4(84): 44322-44326.

[35] Liu C X, Fang W C, Song Y T, et al. Fabrication of CdS/$P_2Mo_xW_{18-x}$ nanospheres with type Ⅱ heterostructure for photocatalytic reduction of hexavalent chromium[J]. Mat Sci Semicon Proc, 2020, 120: 105276.

[36] Hou L, Zhang Y Q, Ma Y Y, et al. Reduced Phosphomolybdate Hybrids as Efficient

Visible-Light Photocatalysts for Cr(Ⅵ) Reduction[J]. Inorg Chem, 2019, 58(24): 16667-16675.

[37] Hiskia A, Papaconstantinou E. Selective photocatalytic oxidation of alcohols by hetero-polytungstates[J]. Polyhedron, 1988, 7(6): 477-481.

[38] Bamoharram F F, Heravi M M, Heravi H M, et al. Photocatalytic Oxidation of Benzyl Alcohols in the Presence of $H_{14}[NaP_5W_{30}O_{110}]$ as a Green and Reusable Catalyst[J]. Synth React Inorg M, 2009, 39(7): 394-399.

[39] Rüther T, Bond A M, Jackson W R. Solar light induced photocatalytic oxidation of benzyl alcohol using heteropolyoxometalate catalysts of the type $[S_2M_{18}O_{62}]^{4-}$ [J]. Green Chem, 2003, 5(4): 364-366.

[40] Yang X, Zhao H, Feng J F, et al. Visible-light-driven selective oxidation of alcohols using a dye-sensitized TiO_2-polyoxometalate catalyst[J]. J Catal, 2017, 351: 59-66.

[41] Kornarakis I, Lykakis I N, Vordos N, et al. Efficient visible-light photocatalytic activity by band alignment in mesoporous ternary polyoxometalate-Ag_2S-CdS semiconductors [J]. Nanoscale, 2014, 6(15): 8694-8703.

[42] Nejat R, Najminejad Z, Fazlali F, et al. g-C_3N_4/$H_3PW_4Mo_8O_{40}$ S-scheme photocatalyst with enhanced photocatalytic oxidation of alcohols and sulfides[J]. Inorg Chem Commun, 2021, 132: 108842.

[43] Liang R W, Chen R, Jing F F, et al. Multifunctional polyoxometalates encapsulated in MIL-100(Fe): highly efficient photocatalysts for selective transformation under visible light[J]. Dalton Trans, 2015, 44(41): 18227-18236.

[44] Somekh M, Khenkin A M, Herman A, et al. Selective Visible Light Aerobic Photocatalytic Oxygenation of Alkanes to the Corresponding Carbonyl Compounds[J]. ACS Catal, 2019, 9(9): 8819-8824.

[45] Yu B, Zhang S M, Wang X. Helical Microporous Nanorods Assembled by Polyoxometalate Clusters for the Photocatalytic Oxidation of Toluene[J]. Angew Chem Int Ed, 2021, 60(32): 17404-17409.

[46] Jiao J C, Yan X M, Xing S Z, et al. Design of a Polyoxometalate-Based Metal-Organic Framework for Photocatalytic C(sp^3)-H Oxidation of Toluene[J]. Inorg Chem, 2022, 61(5): 2421-2427.

[47] Li S J, Li G, Ji P P, et al. A Giant Mo/Ta/W Ternary Mixed-Addenda Polyoxometalate with Efficient Photocatalytic Activity for Primary Amine Coupling[J]. ACS Appl. Mater Interfaces, 2019, 11(46): 43287-43293.

[48] Liu Y N, Ji K H, Wang J, et al. Enhanced Carrier Separation in Visible-Light-Responsive Polyoxometalate-Based Metal-Organic Frameworks for Highly Efficient Oxidative Coupling of Amines[J]. ACS Appl Mater Interfaces, 2022, 14(24): 27882-27890.

［49］Yu H，Wang J J，Zhai Y Y，et al. Visible-Light-Driven Photocatalytic Oxidation of Organic Chlorides Using Air and an Inorganic-Ligand Supported Nickel-Catalyst Without Photosensitizers［J］. ChemCatChem，2018，10(19)：4274-4279.

［50］Maldotti A，Molinari A，Varani G，et al. Immobilization of (n-Bu$_4$N)$_4$W$_{10}$O$_{32}$ on Mesoporous MCM-41 and Amorphous Silicas for Photocatalytic Oxidation of Cycloalkanes with Molecular Oxygen［J］. J Catal，2002，209(1)：210-216.

［51］Shi D Y，Ming Z，Wu Q Y，et al. A novel photosensitizing decatungstate-based MOF：Synthesis and photocatalytic oxidation of cyclohexane with molecular oxygen［J］. Inorg Chem Commun，2019，100：125-128.

［52］Ji K H，Liu Y N，Luo Y H，et al. Metalloligand Hybrid Polyoxometalates for Efficient Selective Photocatalytic Oxidation of Sulfides to Sulfoxides under Visible-Light Irradiation［J］. J Phys Chem C，2023，127(1)：256-264.

［53］Li M H，Lv S L，You M H，et al. Construction of Novel Polyoxometalate/Perylenediimide Hybrid Heterostructures for Enhanced Photocatalytic Oxidation of Mustard Gas Simulants［J］. Cryst Growth Des，2021，21(8)：4738-4745.

［54］Liu Q，Su T，Zhang H W，Liao W P，et al. Development of TiO$_2$ catalyst based on Anderson-polyoxometalates for efficient visible-light-driven photocatalytic oxidative desulfurization［J］. Fuel，2023，333：126286.

［55］Li X H，Chen W L，Tan H Q，et al. Reduced State of the Graphene Oxide@Polyoxometalate Nanocatalyst Achieving High-Efficiency Nitrogen Fixation under Light Driving Conditions［J］. ACS Appl Mater Interfaces，2019，11(41)：37927-37938.

［56］Su S D，Li X M，Zhang X，et al. Keggin-type SiW$_{12}$ encapsulated in MIL-101(Cr) as efficient heterogeneous photocatalysts for nitrogen fixation reaction［J］. J Colloid Interf Sci，2022，621：406-415.

［57］Li X H，He P，Wang T，et al. Keggin-Type Polyoxometalate-Based ZIF-67 for Enhanced Photocatalytic Nitrogen Fixation［J］. ChemSusChem，2020，13(10)：2769-2778.

［58］Karamzadeh S，Sanchooli E，Oveisi A R，et al. Visible-LED-light-driven photocatalytic synthesis of N-heterocycles mediated by a polyoxometalate-containing mesoporous zirconium metal-organic framework［J］. Appl Catal B，2022，303：120815.

［59］Huang X Q，Liu S，Liu G，et al. An unprecedented 2-fold interpenetrated lvt open framework built from Zn$_6$ ring seamed trivacant polyoxotungstates used for photocatalytic synthesis of pyridine derivatives［J］. Appl Catal B，2023，323：122134.

［60］Qin L，Ren R，Huang X X，et al. Photocatalytic activity of an Anderson-type polyoxometalate with mixed copper(I)/copper(II) ions for visible-light enhancing heterogeneous catalysis［J］. J Sold State Chem，2022，310：123052.

［61］Lv H J，Guo W W，Wu K F，et al. A Noble-Metal-Free，Tetra-nickel Polyoxotungstate

Catalyst for Efficient Photocatalytic Hydrogen Evolution[J]. J Am Chem Soc, 2014, 136(40): 14015-14018.

[62] Zhai X L, Liu J, Hu L Y, et al. Polyoxometalate-Decorated g-C_3N_4-Wrapping Snowflake-Like CdS Nanocrystal for Enhanced Photocatalytic Hydrogen Evolution[J]. Chem Eur J, 2018, 24(59): 15930-15936.

[63] Zhang Z M, Zhang T, Wang C, et al. Photosensitizing Metal-Organic Framework Enabling Visible-Light-Driven Proton Reduction by a Wells-Dawson-Type Polyoxometalate [J]. J Am Chem Soc, 2015, 137(9): 3197-3200.

[64] Bu Y H, Li F Y, Zhang Y Z, et al. Immobilizing CdS nanoparticles and MoS_2/RGO on Zr-based metal-organic framework 12-tungstosilicate@UiO-67 toward enhanced photocatalytic H_2 evolution[J]. Rsc Adv, 2016, 6(46): 40560-40566.

[65] Khenkin A M, Efremenko I, Weiner L, et al. Photochemical Reduction of Carbon Dioxide Catalyzed by a Ruthenium-Substituted Polyoxometalate[J]. Chem Eur J, 2010, 16 (4): 1356-1364.

[66] Qiao L Z, Song M, Geng A F, et al. Polyoxometalate-based high-nuclear cobalt-vanadium-oxo cluster as efficient catalyst for visible light-driven CO_2 reduction[J]. Chinese Chem Lett, 2019, 30(6): 1273-1276.

[67] Liu S M, Zhang Z, Li X H, et al. Ti-Substituted Keggin-Type Polyoxotungstate as Proton and Electron Reservoir Encaged into Metal-Organic Framework for Carbon Dioxide Photoreduction[J]. Adv Mater Interfaces, 2018, 5(21): 1801062.

[68] Li X X, Liu J, Zhang L, et al. Hydrophobic Polyoxometalate-Based Metal-Organic Framework for Efficient CO_2 Photoconversion[J]. ACS Appl Mater Interfaces, 2019, 11(29): 25790-25795.

第3章
多酸基功能材料的电化学性能

3.1 引言

多酸作为一类金属氧化物簇阴离子，包括经典的 Keggin 型的 $[XM_{12}O_{40}]^{n-}$、Wells-Dawson 型的 $[X_2M_{18}O_{62}]^{n-}$ 等。随着多酸研究工作的不断发展，至今已经有原子数目更多、体积更大、结构更为新颖的非经典的多酸被逐渐合成出来[1-2]。多酸中常见的配位原子经常具有多种氧化态，可以进行多步、快速、可逆的多电子转移反应，并保持完整的结构，因此多酸又被人们称为"电子海绵"[3]。如此的特征也使多酸及相关材料通常能够表现出优秀的电化学氧化还原性能，由此受到广泛的关注。如今，多酸基材料作为电催化剂已经在很多领域得到广泛的研究，如电催化还原亚硝酸盐[4]、溴酸盐等[5]，电催化氧化抗坏血酸（AA）[6]、多巴胺（DA）等[7]，以及电化学催化有机反应等。同时，多酸基材料在制备电化学传感器方面具有潜在的应用。此外，多酸具有灵活的结构调控特征，一方面可通过外部氧原子与其他过渡金属配位，或自身的过渡金属进行取代，从而对自身的电化学活性进行调控，提高其电化学性能。另一方面，随着碳材料、金属-有机框架等材料的快速发展，多酸还可以与其这些材料相结合，为基于多酸的电化学催化剂的研究和发展提供了强大的动力。到目前为止，基于多酸的各种复合材料的研究，如碳材料、金属纳米颗粒、金属氧化物、金属-有机框架和导电聚合物等[8]，已经得到了快速发展，这些成果为开发具有优异电化学性能的多酸基材料提供了更为广阔的空间。

3.2　电催化还原性能

由于多酸自身优异的氧化还原性能，使其能够表现出潜在的电催化还原活性。基于多酸的金属-有机配合物或复合材料，通常能够保持多酸母体的结构及电化学特征。因此，这些材料在某些电化学还原领域也具有很好的电催化行为。

3.2.1　过氧化氢的电催化还原

过氧化氢（H_2O_2）是一种广为人知的常用的氧化剂，经常被应用于环境保护、食品工业、燃料电池和临床消毒等各个领域。同时，它也是一种重要的代谢产物，存在于环境和生命体中，如它可以维持生命体细胞的正常生理活动，保持食物新鲜等。但过量的 H_2O_2 也会对环境造成一些负面影响，甚至危害人体健康，导致衰老和疾病。因此，准确监测 H_2O_2 的浓度水平在许多领域都具有重要意义。电化学方法作为 H_2O_2 检测的一种分析技术，目前已经得到了广泛的研究，设计和开发具有优异氧化还原性能的电极材料也随之成为研究热点。

2000 年，Kuhn 研究了 Wells-Dawson 型多酸 $[P_2Mo_{18}O_{62}]^{6-}$ 对 H_2O_2 的电催化还原性能[9]。研究发现，多酸 $[P_2Mo_{18}O_{62}]^{6-}$ 沉积的玻碳电极能够对 H_2O_2 表现出电催化还原的活性，说明了将这种多酸阴离子以单层的形式沉积在玻碳上，改进了裸电极的催化性能（图 3-1）。报道还考察了不同层数及溶液的 pH 对电催化性能的影响。结果表明，稍高层数的多酸依

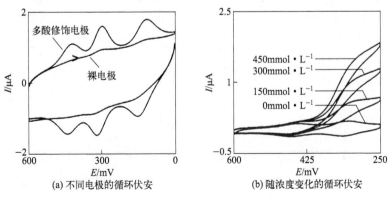

(a) 不同电极的循环伏安　　　(b) 随浓度变化的循环伏安

图 3-1　修饰电极和裸电极以及电催化还原性能

然能够保持很好的电催化活性。这是因为 H_2O_2 是一种小的中性分子，能够穿透催化剂层并发生电催化反应。但是随着层数的增加，也会使催化电流与溶液中的过氧化氢浓度关系显示出非线性的相关性。另外，随着 pH 的增加，电极的催化活性降低，在 pH 约为 7 时，没有观察到催化作用。这是由于多酸质子化不足，降低了其稳定性所导致的。

为了得到性能突出、结构稳定的多酸基电催化材料，将多酸进行修饰或与其他导电材料进行掺杂是一种非常有效的手段。例如，研究人员利用导电聚合物聚吡咯（polypyrrole），分别将三种过渡金属（Fe、Cu、Co）取代的 Wells-Dawson 型杂多酸包覆修饰在玻碳电极上，并考察了这些电极的电化学性能[10]。电化学研究结果表明，所得到的被修饰的电极展示出清晰的氧化还原峰（图 3-2），而且氧化还原峰具有很好的可逆性，说明材料中多酸的氧化还原性依然保持得很好，而且不同厚度薄膜的循环伏安响应在 pH 值为 2～7 的范围内也是稳定的。在 pH 为 6.5 的体系中，作者进一步研究了 Fe^{3+} 和 Cu^{2+} 取代多酸的修饰电极对 H_2O_2 的电催化还原性能。随着溶液中 H_2O_2 浓度的增加，两个电极的还原峰电流均能增大，说明 Fe 和 Cu 取代多酸所修饰的电极对 H_2O_2 具有良好的电催化还原性能。以二者作为 H_2O_2 的电化学传感器时，检测限分别为 0.3mmol·L^{-1} 和 0.6mmol·L^{-1}，并在浓度为 0.1～2mmol·L^{-1} 范围内呈线性分布，检测限低于之前报道的多酸基电化学传感器，说明此策略在制备 H_2O_2 的电化学传感器方面是可行的。

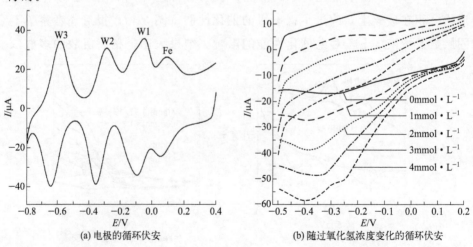

(a) 电极的循环伏安   (b) 随过氧化氢浓度变化的循环伏安

图 3-2　Fe 取代多酸修饰电极以及随 H_2O_2 浓度变化的循环伏安

Choi 等人将 Keggin 型多酸 PMo$_{12}$ 沉积在高分子离子液体（PIL）功能化的还原氧化石墨烯上（rGO），得到一种具有一定电化学活性的复合材料 POM-g-rGO[11]。纳米级多酸 PMo$_{12}$ 通过 PIL 的结合，均匀地分布在还原氧化石墨烯片表面，PIL 则作为表面活性剂，不仅用于防止还原氧化石墨烯薄片的聚集，也是完成多酸沉积结合位点。电化学性能研究发现，以 0.5mol·L^{-1} 硫酸的水溶液作为电解液，复合材料 POM-g-rGO 清晰地展示了三对可逆的氧化还原峰（图 3-3）。与 POM-rGO 和 PIL-rGO 的相比，复合材料 POM-g-rGO 的阳极和阴极峰间的峰间距比 POM-rGO 小，这是由于纳米复合物中 PIL 的引入有效地固定了多酸，促进了多酸与还原氧化石墨烯之间的电子转移。在考察复合材料的电催化活性中发现，当向电解液中加入 H$_2$O$_2$ 时，复合材料 POM-g-rGO 阴极还原峰电流随之增加，表明材料对 H$_2$O$_2$ 具有较高的电催化还原能力，同时也暗示这材料具有制备 H$_2$O$_2$ 电化学传感器的可能。进一步的电化学传感行为表明，材料 POM-g-rGO 对于电化学传感 H$_2$O$_2$ 具有灵敏度高、响应快、检出限低的特点，灵敏度可达到 95.5μA/(mmol·L^{-1}·cm^2)，高于之前报道的一些纳米多孔材料，如 Ag-MnO$_2$-MWNTs 等，其优异的性能应归因于材料中多酸的多重氧化还原反应、还原氧化石墨烯片的高导电性，以及多酸与还原氧化石墨烯片之间通过 PIL 的快速有效电荷转移。

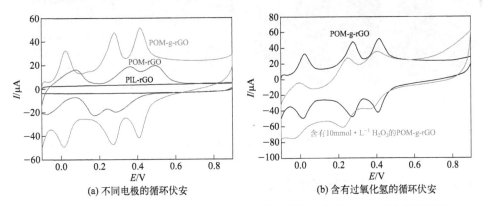

(a) 不同电极的循环伏安　　　　　(b) 含有过氧化氢的循环伏安

图 3-3　POM-g-rGO/POM-rGO/PIL-rGO 的循环伏安以及对 H$_2$O$_2$ 的电催化活性

多酸与金属-有机框架的结合也是制备多酸基电化学材料的一种有效手段，因为在合成的多酸基框架中，多酸的氧化还原性通常能够很好地保留，而金属-有机框架与多酸的协同作用有利于调控材料的电化学性能。目前，研究人员已经开发得到了大量的基于多酸的金属-有机框架材料，并在电催

化 H_2O_2 还原以及电化学传感方面表现出一定的活性。例如，周百斌等人使用咪唑（imi）、2,4,5-四(4-吡啶基)苯（tpb）和 4,4'-联吡啶（bpy）作为有机配体，合成了两个多酸基金属-有机框架 $(imi)_2[\{Ag_3(tpb)_2\}_2(H_2O)\{AsW_{12}O_{40}\}_2] \cdot 6H_2O(\mathbf{1})$ 和 $[(Ag_7bpy_7Cl_2)\{AsW_2^V W_{10}^{VI}O_{40}\}] \cdot H_2O$ $(\mathbf{2})^{[12]}$。结构分析表明，两个化合物都是三维的框架结构。电化学性能研究结果表明，两个化合物的循环伏安图展示了四对氧化还原峰，分别属于结构中 AsW_{12} 多酸的多电子转移过程，说明 AsW_{12} 多酸的电化学性能在化合物中依然存在，而且阳极和阴极峰间的峰间距比纯的 AsW_{12} 多酸大，说明多酸和金属-有机框架的有效结合，有利于多酸在氧化还原反应过程中的电子转移。电催化性能研究表明，随着溶液中 H_2O_2 浓度的增加，化合物还原峰的电流随之逐渐增大，说明化合物对 H_2O_2 的还原具有电催化活性（图 3-4）。电化学传感行为揭示，两个化合物修饰的电极均展示了较低的检测限，具有较高的选择性和良好的重复使用性，尤其是化合物 $\mathbf{2}$ 的检测限可达到 $0.48\mu mol \cdot L^{-1}$，同时具有较宽的线性范围，并可用于实际血清样品中的 H_2O_2 的检测。

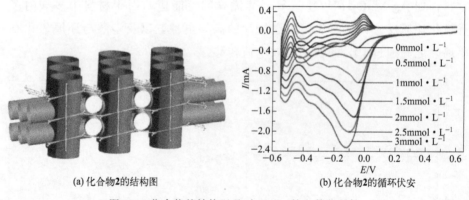

(a) 化合物2的结构图　　　　(b) 化合物2的循环伏安

图 3-4　化合物的结构以及对 H_2O_2 的电催化活性

3.2.2　亚硝酸盐的电催化还原

亚硝酸盐在人们的日常生活中已经广泛存在。血液中的亚硝酸盐，可将血红蛋白氧化为高铁血红蛋白，降低血红蛋白的携氧能力。此外，它还可以与胺或酰胺反应，产生潜在的具有致癌性的硝基化合物。WHO 规定亚硝酸盐每日摄取浓度上限为 $0.06 \sim 0.07 mg \cdot kg^{-1}$，欧盟规定饮用水中亚硝酸盐的最大允许浓度为 0.1×10^{-6}（$\sim 2.2\mu mol \cdot L^{-1}$）。因此，精确测量和监督饮食中亚硝酸盐的含量是十分重要的。在各种亚硝酸盐检测技术中，电化学检测方法由于其快速、廉价、简单、可靠等优点，已经受到广大研究者的青睐。多酸及其衍生材料的独特的氧化还原性质和结构组成，使其在作为亚硝酸盐的电化学传感器的电极修饰材料上具有潜在的应用价值。

Badets 系统地研究了系列 Keggin 型多酸 $[PW_{12}O_{40}]^{3-}$、$[SiW_{12}O_{40}]^{4-}$、$[BW_{12}O_{40}]^{5-}$ 和 $[H_2W_{12}O_{40}]^{6-}$ 对催化亚硝酸盐电还原反应的选择性和效率，考察了电荷和氧化还原电位对电化学还原的影响[13]。结果表明，以上 Keggin 型多酸对亚硝酸盐都具有电催化电还原活性（图 3-5）。通过对电催化产物分析得知，当电解液的 pH 为 2 和 5 时，主要的产物是气态的 NO 和 N_2O。当多酸 $[PW_{12}O_{40}]^{3-}$、$[SiW_{12}O_{40}]^{4-}$、$[BW_{12}O_{40}]^{5-}$ 经历第一个单电子还原波时，产物只有 NO，而经历两电子还原时，同时伴有 N_2O 生成。由于一电子还原的电位与多酸的电荷有关，所以 NO 和/或 N_2O 通常会出现在 $[PW_{12}O_{40}]^{3-}$ 和 $[SiW_{12}O_{40}]^{4-}$ 的低电位，其次是 $[BW_{12}O_{40}]^{5-}$ 和 $[H_2W_{12}O_{40}]^{6-}$。这些结果能够为设计和开发电催化还原亚硝酸盐的 Keggin 型多酸基电极材料提供宝贵的参考依据。

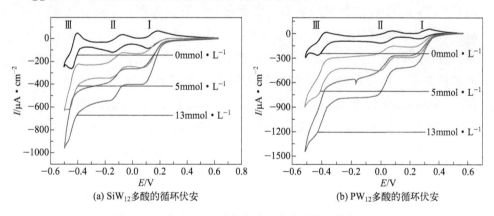

图 3-5　两种 Keggin 型多酸对亚硝酸盐的电催化活性

多酸基复合材料通常也能表现出优异的电催化还原亚硝酸盐活性。在酸性水溶液中，将 Keggin 型多酸 $H_4SiMo_{12}O_{40}$ 电沉积在玻碳上，然后利用电化学生长法将聚丙烯胺盐酸盐（PAH）包覆的碳纳米管（CNTs）形成复合膜，从而得到修饰后的电极 $(pCNTs)_4/(SiMo_{12})_5/GC$[14]。紫外-可见光谱分析表明，所制得的复合膜是规则均匀、稳定的，pCNTs 吸附在基体表面。电化学性能研究发现，(pCNTs)$_4$/(SiMo$_{12}$)$_5$/GC 具有良好的电化学行为和可逆性，并对亚硝酸盐的电还原具有催化作用（图 3-6）。

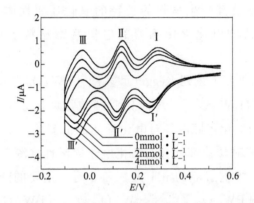

图 3-6 (pCNTs)$_4$/(SiMo$_{12}$)$_5$/GC 的电催化还原亚硝酸盐性能

Hatefi-Mehrjardi 等人制备了一种 K (bdpy)$_2$[PW$_{11}$O$_{39}$Co(H$_2$O)]/羧基功能化的多壁碳纳米管（MWCNT）材料 [1,1′-(1,4-丁二基)双吡啶；bdpy]，并得到了该材料修饰的玻碳电极 [(bdpy)PW$_{11}$Co/MWCNTs-COOH/GCE][15]。表征结果显示，(bdpy)PW$_{11}$Co 纳米颗粒均匀分布在MWCNTs-COOH 或其夹层表面。电催化行为研究表明，(bdpy)PW$_{11}$Co/MWCNTs-COOH/GCE 对亚硝酸盐离子的电还原具有显著的电催化活性，并具有良好的稳定性；同时，在作为亚硝酸盐的电催化传感器方面表现出低的检测限、高灵敏度、宽线性范围和良好选择性的优点，线性范围为10～1600μmol·L^{-1}，最低检测限为 0.63μmol·L^{-1}，灵敏度为 17.9μA/(mmol·L^{-1})，并可以用于实际样品中亚硝酸盐的检测。催化剂优良的性能主要归因于催化剂内部结构中 (bdpy) PW$_{11}$Co 纳米颗粒较高的活性表面积和均匀分布。

多酸基金属-有机框架通常也能够表现出亚硝酸盐的电催化还原性能。王秀丽课题组利用 $N,N′$-双(3-吡啶羧基酰胺)-1,2-环己烷(3-bpah)合成了一个基于 Anderson 型多酸的铜化合物 H$_2$[Cu$_2$[AlMo$_6$(OH)$_6$O$_{18}$]$_2$(3-bpah)$_4$(H$_2$O)$_4$]·6H$_2$O[16]。作者在表征和解析配合物结构的基础上，研究了这个配合物的电化学性能。化合物是一个一维的链状结构，具有典型的 Anderson 型多酸离子的电化学行为和优异的电化学稳定性。该化合物所修饰的碳糊电极（CPE）对亚硝酸盐的电还原表现出很好的催化活性，其还原峰电流随着亚硝酸盐的浓度增加而增大。另外，电极作为亚硝酸盐的电化学传感器，对亚硝酸盐的最低检测限为 $45\mu mol \cdot L^{-1}$，具有很好的抗干扰性和稳定性。

3.2.3　溴酸盐的电催化还原

溴酸盐是臭氧与饮用水中存在的溴化物发生反应而形成的，已被国际癌症研究机构认定 2B 型致癌物。因此，溴酸盐被有效地去除或准确测定是十分重要的。与其他技术相比，电化学测量法具有操作简单、测定迅速速、灵敏度高、选择性好以及环境友好等优点，已经引起人们的广泛关注。因此，开发用于制备检测溴酸盐的电化学传感器的高性能电极材料便已成为一项重要的研究任务。

研究发现，基于贵金属金（Au）、银（Ag）纳米粒子和多酸的复合材料在溴酸根的电催化还原和传感方面表现出一定的性能。2007 年，Cox 等人通过配体交换和液-液萃取的方法，将非水溶剂中由烷基硫醇保护的 AuNPs 转化成为一种由 Keggin 型多酸 PMo_{12} 包裹的 AuNPs，即复合材料 PMo_{12}-AuNP[17]。随后，用复合材料 PMo_{12}-AuNP 制备成了玻碳电极，并研究了电极的电催化还原溴酸根性能。结果表明，在含有 $0.1mol \cdot L^{-1}$ 溴酸盐的 $0.5mol \cdot L^{-1}$ H_2SO_4 的电解液中，PMo_{12}-AuNP 表现出了与 PMo_{12} 不同的电化学行为。溴酸盐的电化学还原是由 PMo_{12}-AuNP 中 Mo^{VI} 中心的第一次氧化还原过程完成的。与单独的 PMo_{12} 多酸相比较，过电位较低，阴极电流更高（图 3-7），说明 AuNP 与多酸的结合产生了接近线性扩散控制过程的协同电催化作用，有利于 PMo_{12}-AuNP 材料在电催化还原和检测溴酸盐的应用和可行性。进一步的电化学检测证实，PMo_{12}-AuNP 材料修

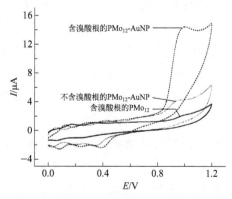

图 3-7　PMo_{12}-AuNP 修饰的电极对溴酸根的电催化性能

饰的玻碳电极对实际环境中的溴酸根最低检测限可到达 $3\mu mol \cdot L^{-1}$，优于单独 PMo$_{12}$ 多酸。

以 PMo$_{12}$ 多酸为无机活性组分，采用超声方法得到了包含有 Ag 纳米粒子聚苯氨基杂化材料 Ag/PMo$_{12}$/PBz[18]。通过对材料组成表征得知，杂化材料中含有尺寸约为 12nm 的 Ag 纳米粒子。以 Ag/PMo$_{12}$/PBz 为材料制备了玻碳电极，并研究了电化学性能。结果表明，在 $1mol \cdot L^{-1}$ H$_2$SO$_4$ 水溶液中，随着溴酸盐浓度的增加，还原峰的电流逐渐增大，说明 Ag/PMo$_{12}$/PBz 修饰的玻碳电极对溴酸盐表现出一定的电催化还原的活性（图3-8）。将该电极作为电化学传感器检测溴酸盐时，最低检测限可达到 $86.3nmol \cdot L^{-1}$，说明杂化材料中 PBz 和 Ag 纳米颗粒为电催化过程提供了适宜的环境，PMo$_{12}$ 阴离子获得银纳米颗粒和导电聚合物的特性，使材料对溴酸盐的电催化还原具有较低的负过电位，从而提高了催化电流。

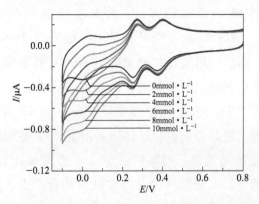

图 3-8　Ag/PMo$_{12}$/PBz 修饰的电极对溴酸根的电催化性能

为了提高催化材料的导电性能，研究人员又将多酸和常见的导电材料如碳布（CC）等结合，从而得到性能更为优异的催化材料。Zhang 等人采用水热法将多酸基金属-有机框架 NENU-3 和 NENU-5 原位生长在 CC 上，从而得到了两种具有良好导电性能的多酸基金属-有机框架薄膜 NENU-3/CC 和 NENU-5/CC[19]。电化学性能研究表明，薄膜 NENU-3/CC 和 NENU-5/CC 不仅表现出多酸的电化学性能、框架可控的孔隙率和 CC 优异的导电性，而且还弥补了传统玻碳电极的不足，是潜在的电极材料。随后，作者调查了两种薄膜的电催化行为。在酸性溶液中，两种薄膜的还原峰电流随着溶液中溴酸盐浓度的出现明显增大，说明它们对溴酸盐具有较好的电催化还原的活性。以其作为溴酸盐的电化学传感器时，最低检出限分别

为 $0.55\mu mol \cdot L^{-1}$ 和 $1.18\mu mol \cdot L^{-1}$，灵敏度为 $45.11\mu A/(cm^2 \cdot mmol \cdot L^{-1})$ 和 $18.83\mu A/(cm^2 mmol \cdot L^{-1})$，同时具有较高的电化学稳定性和抗干扰性。材料优异的催化性能主要归因于 CC 的导电性能与多酸基框架良好的电子传递诱导的协同催化作用。另外，比表面积较高的 NENU-3 也使其拥有更高的电催化活性。

McCormac 等人采用电聚合法把冠型多酸 $Ni_4[(P_8W_{48}O_{184})(WO_2)]^{28-}$ 固定在聚吡咯（PPY）中，通过调控多酸的量得到几种多酸掺杂的薄膜，并对得到的不同厚度膜进行了表征[20]。交流阻抗结果得出，多酸掺杂的聚吡咯薄膜具有很高的导电性，可能是良好电极材料。电化学性能研究表明，所得的薄膜依然具有多酸的氧化还原性，并且非常稳定，对溶液中的溴酸根具有优异的电催化还原活性（图 3-9）。以其为溴酸盐的电化学传感器时，最低检出限为 $0.2\mu mol \cdot L^{-1}$，线性范围为 $0.1\sim2mmol \cdot L^{-1}$，并具有很好的抗干扰能力。

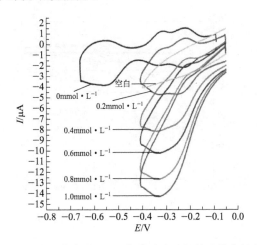

图 3-9 多酸掺杂的 PPY 薄膜对溴酸根的电催化性能

研究发现，多酸基金属-有机框架也能够展现出良好的电催化还原溴酸根的活性。Ruiz-Salvador 等人以 1,4-对苯二羧酸为有机配体，在水热条件下合成了一种以 ε 型多酸为无机建筑节点的沸石型多酸基金属-有机框架 $[NBu_4]_3[\varepsilon\text{-}PMo_8^V Mo_4^{VI} O_{36}(OH)_4 Zn_4(BDC)_2] \cdot 2H_2O$（Z-POMOF1）[21]。结构分析发现，该框架有方石英拓扑结构，是一个三重互穿的三维网络，四丁基铵阳离子扮演着反荷离子和填充剂的角色。电化学性质表明，多酸 $\varepsilon\text{-}PMo_{12}$ 在 Z-POMOF1 中依然保持着良好的电化学活性。电催化性能研究显示，随着溴酸盐的加入，Z-POMOF1 的还原峰电流出现了显著的增加，而且在 0.2～40mmol·L^{-1} 的浓度范围内，溴酸盐浓度与电流之间存在良好线性关系，说明 Z-POMOF1 对溴酸盐具有优异的电催化还原的性能。

王祥等人以 9,10-双(咪唑-1-甲基)蒽（9,10-BIMA）为有机配体，在水热条件下制备了一种新的基于 Lindquist 型多酸的金属-有机框架 [Co(Mo$_6$O$_{19}$)(9,10-BIMA)$_3$](MOF-1)[22]。结构分析发现，在 MOF-1 结构中，9,10-BIMA 配位体与 Co(Ⅱ) 离子的配位形成了含有一维孔道的三维六连接的阳离子框架，其中 Lindquist 型多酸 [Mo$_6$O$_{19}$]$^{2-}$ 作为模板填充在这些孔道中。电化学和催化性能研究表明，MOF-1 修饰的碳糊电极对溴酸盐具有优异的电催化活性（图 3-10），而且还可以作为检测溴酸盐电化学传感器，在 10～100μmol·L^{-1} 的范围内，浓度和电流的线性关系良好，最低检测限 18.5μmol·L^{-1}，并且具有良好的抗干扰性。

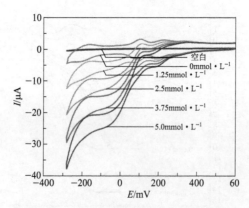

图 3-10　MOF-1 对溴酸根的电催化性能

3.2.4　铬(Ⅵ)的电催化还原

重金属铬（Ⅵ）离子对人体的高毒性和致癌性已经引起研究人员的广泛关注。因此，建立有效处理或快速检测 Cr(Ⅵ) 的方法具有十分重要的意义。多酸因其丰富的结构和独特的氧化还原能力，在电化学传感领域已经显示出巨大的应用潜力。因此，多酸基功能材料在催化还原 Cr(Ⅵ) 化合物方面也具有广阔的应用前景。

韩占刚课题组在开发可用于电催化还原以及检测 Cr(Ⅵ) 的多酸基电极材料方面的研究工作发现，含有还原态金属原子的沙漏型多酸 {M(P$_4$Mo$_6$O$_{31}$)$_2$}

基金属-有机框架在该方面具有优异的性能。例如，有机配体 1,4-双(1,2,4-三氮唑基-1-亚甲基)苯 (BBTZ) 的使用，得到两个以 Cu 和 Mn 为中心的沙漏型多酸化合物[23]。性能研究表明，两种化合物修饰的玻碳电极在 0.5mol·L^{-1} H_2SO_4 水溶液中能够表现出良好的电化学性能，其还原峰电流能够随着 Cr(Ⅵ) 浓度的增加而增大，说明两种材料对 Cr(Ⅵ) 具有显著的电化学催化还原性能。电化学传感行为发现，两个化合物修饰的电极能够在较宽的 pH 范围内对超痕量 Cr(Ⅵ) 实现高效的电化学检测。化合物 **1** 和 **2** 的最低检测限分别为 1.59nmol·L^{-1} 和 2.91nmol·L^{-1}，达到了饮用水标准，灵敏度分别为 111.08μA/(μmol·L^{-1}) 和 119.87μA/(μmol·L^{-1})。在 pH 值为 1~5 的范围内，两个化合物也具有良好的灵敏度和较低的检测限，并具有良好的选择性和电化学稳定性。更为突出的是，将两个化合物用于实际水样的检测时，最低检测限也可以达到 2.03nmol·L^{-1} 和 3.5nmol·L^{-1}，灵敏度分别为 87.38μA/(μmol·L^{-1}) 和 83.62μA/(μmol·L^{-1})。两个化合物良好的电化学性能主要归因于处于还原态的沙漏型 $\{P_4Mo_6\}$ 多酸与 Cu/Mn 金属中心之间的协同催化作用。

王祥课题组把双咪唑或苯并咪唑氰基配体，3,5-双(1H-咪唑基-1-基)苯甲腈 (DICN) 和 3,5-双(1H-苯并咪唑基-1-基)苯甲腈 (DBIBN) 作为初始配体，利用配体的原位转化，合成了两种基于含有不同数量锌帽的 Keggin 型多酸的金属-有机框架 H$\{Zn_4(DIBA)_4[(DIBA)(HPO_2)]_2(\alpha\text{-}PMo_8^{VI}Mo_4^VO_{40}Zn_2)\}$(**3**)和$[\varepsilon\text{-}Mo_8^VMo_4^{VI}O_{37}(OH)_3Zn_4(HDBIBA)_2]\cdot6H_2O$(**4**)[24]。结构分析发现，最初的 DICN 和 DBIBN 配体在反应过程中发生了原位转化，生成了 3,5-双(1H-咪唑基-1-基)苯甲酸 (DIBA) 和 3,5-双(1H-苯并咪唑基-1-基)苯甲酸 (DBIBA)。化合物 **3** 含有一种两个锌帽的多阴离子，**4** 中存在着一种四个锌帽的 $\varepsilon\text{-}PMo_{12}$ 型多阴离子。电化学性能研究表明，两个配合物对 Cr(Ⅵ) 都是有着良好的电催化还原性能 (图 3-11)，而且在作为 Cr(Ⅵ) 的电化学传感器时的最低检测限为 0.026μmol·L^{-1} 和 0.035μmol·L^{-1}。优异的性能归因结构中处于还原态的多酸离子。

王秀丽课题组在设计一种双吡啶双酰胺类配体 N,N'-双(4-嘧啶羧基氨基)-1,2-乙烷 (4-H_2dpye) 的基础上，在水热条件下合成了两种基于 Keggin 型多酸的化合物 (**5，6**)[25]。两个化合物分别展示了二维层和三维的超分子结构。分别以二者为电极材料，制备成碳糊电极并研究了相应的电化学性能。结果发现，两个化合物结构中多酸依然具有很好的氧化还原性。

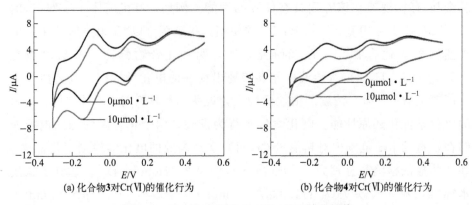

(a) 化合物3对Cr(Ⅵ)的催化行为　　(b) 化合物4对Cr(Ⅵ)的催化行为

图 3-11　两个化合物对 Cr(Ⅵ) 的电催化性能

同时，两个配合物对 Cr(Ⅵ) 都表现出一定的电催化还原性能，两个化合物的还原峰电流能够随着溶液中 Cr(Ⅵ) 浓度的增加而增大（图 3-12），其作为 Cr(Ⅵ) 的电化学传感器的最低检测限分别为 $1.27 \times 10^{-7} \mathrm{mol \cdot L^{-1}}$ 和 $1.71 \times 10^{-7} \mathrm{mol \cdot L^{-1}}$，均低于世界卫生组织规定的饮用水中 Cr(Ⅵ) 的最大允许浓度，说明这两个配合物具有作为 Cr(Ⅵ) 电化学传感器电极材料的潜在应用。

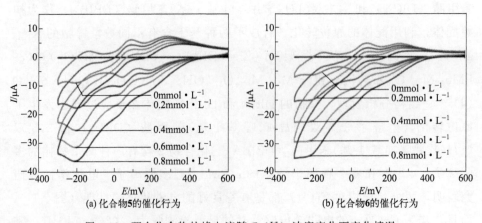

(a) 化合物5的催化行为　　　(b) 化合物6的催化行为

图 3-12　两个化合物的峰电流随 Cr(Ⅵ) 浓度变化而变化情况

3.2.5　过硫酸根的电催化还原

郭伟华等人采用电化学生长法在铟-锡电极（ITO）上制备了一种由 $SiMo_{12}$ 多酸和壳聚糖-电化学还原氧化石墨烯（CS-ERGO）组成的多层复合薄膜 CS-ERGO/$SiMo_{12}$[26]。该方法的优点主要在于，CS 的使用有利于

SiMo$_{12}$ 多酸离子的吸附，从而促进多层膜的生长；ERGO 则能够增加材料的导电面积，有利于 SiMo$_{12}$ 在电极上的覆盖值的增加。两种材料的结合，使 SiMo$_{12}$ 的负载量有了明显的增加。因此，CS-ERGO/SiMo$_{12}$ 多层膜在催化过程中能够提供更多的催化活性中心。电化学行为研究发现，该电极对溶液中的过硫酸根（S$_2$O$_8^{2-}$）产生明显的安培响应（图 3-13），说明对材料在 S$_2$O$_8^{2-}$ 的电还原过程中具有催化性能。电化学传感实验结果得出，材料的检测限为 0.05μmol·L^{-1}，灵敏度为 0.0448mA/(μmol·L^{-1})，线性检测范围为 0.67～30.62μmol·L^{-1}，其性能优于之前报道的大多数电化学传感器。

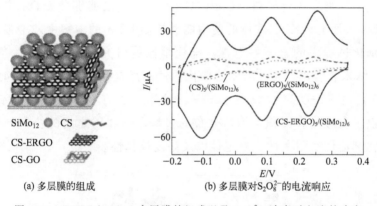

(a) 多层膜的组成　　(b) 多层膜对 S$_2$O$_8^{2-}$ 的电流响应

图 3-13　ERGO/SiMo$_{12}$ 多层膜的组成以及 S$_2$O$_8^{2-}$ 浓度对电流的响应

通过电沉积的方法，首先用 Keggin 型多酸 SiMo$_{12}$ 对玻碳电极表面进行修饰，随后再利用电化学生长法，将聚丙烯胺盐酸盐（PAH）包覆的碳纳米管（CNTs）在其上面形成复合膜，进而得到新的电极 (pCNTs)$_4$/(SiMo$_{12}$)$_5$/GC[14]。详细的表征发现，复合膜 pCNTs 均匀地生长在电极表面。进一步的电化学行为研究表明，(pCNTs)$_4$/(SiMo$_{12}$)$_5$/GC 不仅表现出良好的电化学行为，而且对 S$_2$O$_8^{2-}$ 的还原表现出良好的电催化活性（图 3-14），还原峰电流随 S$_2$O$_8^{2-}$ 的浓度增加而增加，并呈现出很好的线性关系。

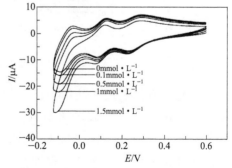

图 3-14　(pCNTs)$_4$/(SiMo$_{12}$)$_5$/GC 对 S$_2$O$_8^{2-}$ 浓度的响应

3.2.6 电催化氧还原

在燃料电池、金属空气电池等可再生能源关键技术的诸多相关因素中，阴极氧还原反应（ORR）在起着至关重要的作用。而 ORR 催化剂在很大程度上决定了能量转换效率，并影响着电池的成本。为此，人们一直在积极寻求廉价的、活性高的催化剂。多酸是一种过渡金属氧阴离子无机团簇，具有较高的电子电导率、离子电导率和质子电导率，在 ORR 电催化中具有广阔的应用前景。

Swami 利用微波辅助方法，合成了一种钴-磷钨酸盐（PTA）和科琴炭黑（KBC）的纳米复合材料（CoP@C）[27]。该方法能够使 PTA 均匀地分散在 KBC 表面上。KBC 载体的使用能够控制 PTA 的溶解度，增强复合材料在电催化过程中的电子导电性。电化学性能研究表明，在碱性条件下，CoP@C 纳米复合材料对 ORR 的催化活性有所提高（图 3-15），起始电位为 1.0 V，电流密度为 4.2mA·cm^{-2}。纳米尺寸的非晶态 KBC 为钴-磷钨酸盐提供了足够的表面积，均匀分布的多酸、钴和碳之间的协同作用，提高了催化剂活性、耐久性、稳定性以及高度选择性。

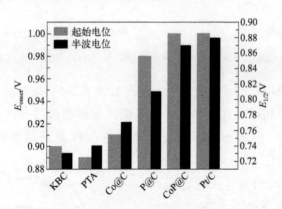

图 3-15　不同催化剂起始和半波电位的比较

姚建年直接利用多酸作为还原剂和桥接分子的双重角色，将银纳米粒子（AgNPs）修饰在碳纳米管（CNTs）上，得到了一种含有三种组分的纳米复合材料 AgNPs@POM-CNTs[28]。与之前报道方法相比较，该方法是温和的，即在整个合成过程都是在室温下进行的，并且无需再添加任何原料，如模板、表面活性剂、聚合物等。AgNPs 和 CNTs 的协同作用，使复合材料 AgNPs@POM-CNTs 对 ORR 表现出较高的电催化活性（图 3-16），

AgNPs 负载量为 36％时性能最佳，远高于 AgNPs 本身，并且与催化剂 Pt/CNTs 相比非常具有竞争力。此方法为后来的将 AgNPs 负载在其他导电载体如石墨烯、碳纳米管等提供了一种可行而有效的思路。

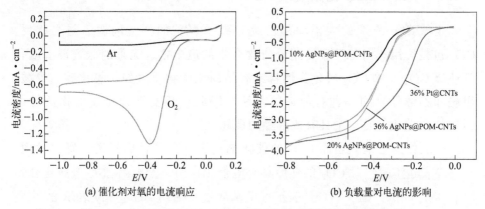

(a) 催化剂对氧的电流响应　　　　(b) 负载量对电流的影响

图 3-16　AgNPs@POM-CNTs 以及不同负载量对氧的电流响应

　　研究人员发现，还原型多酸（rPOM）在碱性溶液中非常稳定，并且可以经历多次循环催化，为此可以克服多酸在碱性电解质中的溶解度较高的缺点。因此，魏子栋等人把钯纳米粒子（PdNPs）负载在还原型 rPOM 载体上面，得到了一种新型的复合材料 Pd/rPOM，以实现催化剂对 ORR 催化性能的提高[29]。结果发现，在碱性介质中 rPOM 对 ORR 催化活性很低，而所得到的 Pd/rPOM 催化剂却表现出优异的电催化性能，甚至优于 Pd/C 和 Pt/C 催化剂，在稳定性测试中几乎没有观察到催化活性的下降（图 3-17）。分析表明，rPOM 作为 PdNPs 的载体，彼此之间的相互作用增强了 PdNPs 的稳定性。Pd 与 rPOM 载体协同作用引起的电子结构的变化，

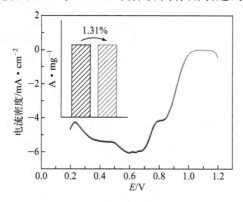

图 3-17　Pd/rPOM 在 0.1mol·L⁻¹ O₂ 饱和 KOH 溶液中的稳定性

削弱了 Pd 与非反应性含氧物质之间的相互作用，为 O_2 的吸附和活化提供了更多的活性位点，从而增强了 PdNPs 的 ORR 催化活性。

3.2.7　电催化二氧化碳还原

全球 CO_2 浓度的大幅增加已经导致了严重的环境问题。与之相反，CO_2 也是可用于制备具有使用价值化合物的最丰富、无毒的碳资源。电化学还原 CO_2 是将 CO_2 转化为燃料或有用的化学物质（如一氧化碳、甲酸、甲烷和乙醇等）的一种有前途的方法。因此，开发具有高效催化活性的 CO_2 还原催化剂是一个具有挑战性的课题。

多酸作为电催化还原 CO_2 的催化剂由 Kozik 等首次报道。研究发现，$\alpha\text{-}[SiW_{11}O_{39}Co]^{6-}$ 对 CO_2 的还原具有电催化作用。考虑到有机-金属化合物 $[Cp^*Rh^{III}(bpy)Cl]^+$（Cp^* 表示五甲基环戊二烯阴离子；bpy 表示 2,2′-联吡啶）在 CO_2 还原的过程中的催化作用，研究人员将 $[Cp^*Rh^{III}]^{2+}$ 片段共价连接在缺位的 $[PW_{11}O_{39}]^{7-}$ 阴离子上，从而得到了一种新型的多酸基催化材料 $[\alpha\text{-}H_2PW_{11}O_{39}\{Rh^{III}Cp^*(OH_2)\}]^{3-}$（图 3-18）[30]。催化性能研究发现，与催化剂 $[CoSiW_{11}O_{39}]^{6-}$ 相比较，在 CO_2 存在的情况下，催化剂 $[\alpha\text{-}H_2PW_{11}O_{39}\{Rh^{III}Cp^*(OH_2)\}]^{3-}$ 的电化学行为表现出明显的改善，从而揭示了助催化剂与多酸的协同催化体系，是开发 CO_2 还原电催化剂的潜在途径。

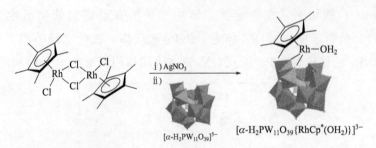

图 3-18　催化剂 $[\alpha\text{-}H_2PW_{11}O_{39}\{Rh^{III}Cp^*(OH_2)\}]^{3-}$ 的制备过程

兰亚乾课题组利用金属卟啉配体四（4-羧基苯基）卟啉-M（M-TCPP）（M 代表 Fe，Co，Ni，Zn）作为有机配体，原位合成了一系列基于 ε 型多酸的金属-有机框架 M-PMOF，并且首次研究了这些框架在 CO_2 还原过程中的电催化性能[31]。框架中的 Zn-ε-Keggin 多酸作为电子的存储单元，有助于电子转移到 CO_2 还原催化剂 M-TCPP 上，说明了多酸和 M-TCPP 在

CO_2 电催化还原过程中发挥着协同催化的作用，从而提高了催化剂的活性。催化性能研究结果表明，这些化合物在电催化 CO_2 还原方面都表现出了优异的性能（图 3-19），特别是 Co-PMOF 能够选择性地将 CO_2 转化为 CO，法拉第效率高达 99%，TOF 值为 $1656h^{-1}$，是已报道的金属-有机框架中最高的。

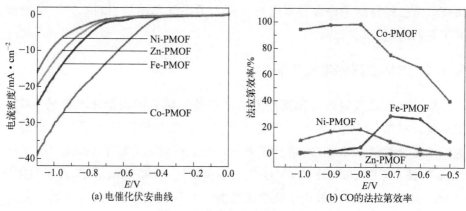

图 3-19　化合物的电催化性能

李阳光课题组报道了一系列多酸的锰羰基（MnL）复合材料 SiW_{12}-MnL、PW_{12}-MnL 和 PMo_{12}-MnL，并研究了这些材料的电催化 CO_2 还原的性能[32]。结果表明，在这些复合材料中，SiW_{12}-MnL 对 CO_2 还原为 CO 的过程表现出优异的电催化活性，并具有很好的选择性和稳定性，在过电位为 0.61V 时，法拉第效率从 MnL 的 65% 提高到 95% 以上。理论计算表明，结构中多酸与 MnL 单元之间的电子转移，在 CO_2 还原为 CO 的过程中起到了关键的作用。通过改变 POM-MnL 复合材料体系中多酸的种类，可以实现电子转移的调节，并不同程度地改善了 CO_2 的电催化还原的法拉第效率（图 3-20）。

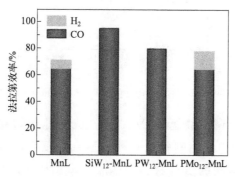

图 3-20　不同多酸催化剂的法拉第效率

3.3 电催化氧化性能

另外，电催化氧化活性也是多酸及其衍生物的主要性能之一。至今，研究人员已经得到了许多具有电催化能力的多酸基功能材料，并详细地研究了它们的电催化行为。

3.3.1 抗坏血酸的电催化氧化

Laskin 在玻碳电极（GCE）上成功制备了磷钼酸功能化石墨烯（GS）纳米复合材料 PMo_{12}-GS[33]，用循环伏安法、电化学阻抗谱等方法对制备的纳米复合材料 PMo_{12}-GS 进行了表征，并且测试和比较了 PMo_{12}-GS 复合材料与裸 GCE、GS 修饰的 GCE（GS/GCE）和 PMo_{12} 修饰的 GCE（PMo_{12}/GCE）的表面电化学及催化性能。结果表明，PMo_{12}-GS 纳米复合材料对抗坏血酸（AA）表现出良好的电催化氧化活性（图 3-21），具有较高的灵敏度、稳定性和响应速度。在 $1 \times 10^{-6} \sim 8 \times 10^{-3}$ mol·L^{-1} 浓度范围内，电流与 AA 浓度的线性关系良好，检出限为 0.5×10^{-6} mol·L^{-1}。采用 PMo_{12}-GS 修饰电极测定商业维生素 C 样品片中 AA 含量时表现良好，加标回收率可达 $96.3\% \sim 100.8\%$。

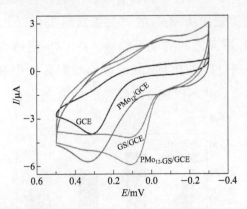

图 3-21 电极在含有 0.5mmol·L^{-1} AA 溶液中的循环伏安

Freire 把钒取代磷钼酸盐（$PMo_{10}V_2$）成功地包封在多孔金属-有机骨架 MIL-101(Cr) 中，从而制备了一种新型杂化复合材料 $PMo_{10}V_2$@MIL-101[34]。为了研究得到的复合材料 $PMo_{10}V_2$@MIL-101 的电化学性质，分别制备了由 MIL-101(Cr)、$PMo_{10}V_2$ 以及 $PMo_{10}V_2$@MIL-101 修饰的热解

石墨电极。从各电极的循环伏安曲线中可以看出，MIL-101(Cr) 表现了结构中铬的单电子还原过程，$PMo_{10}V_2$ 表现为五个还原过程，分别为钒中心的两个重叠的单电子还原过程和四个 Mo 中心的两电子还原过程。复合材料 $PMo_{10}V_2$@MIL-101 同时表现了 MIL-101(Cr) 和 $PMo_{10}V_2$ 的氧化还原特征，钒中心的两个单电子还原过程发生了劈裂，Mo 和 Cr 中心的电位向更负的方向发生了移动。电催化性能研究表明，复合材料 $PMo_{10}V_2$@MIL-101 修饰的电极，对 AA 的氧化表现出更为优秀的电催化性能（图 3-22）。这是因为 $PMo_{10}V_2$ 和 MIL-101 结合后，$PMo_{10}V_2$ 很好地固定在多孔结构中，使 $PMo_{10}V_2$@MIL-101 的电化学表面覆盖度更高，几乎是单独 $PMo_{10}V_2$ 的 10 倍，从而提高了电催化活性。

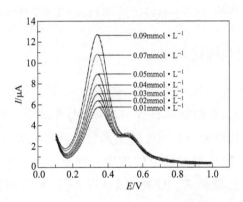

图 3-22　$PMo_{10}V_2$@MIL-101 随 AA 变化的循环伏安

庞海军等人报道了一种可以作为高灵敏检测 AA 的电化学传感器的纳米复合膜 $P_2Mo_{17}V/Ru(bpy)_3/CS$-Pd，该材料是由 $P_2Mo_{17}V$ 多酸、Ru(bpy)$_3$Cl$_2$·6H$_2$O[Ru(bpy)$_3$] 和壳聚糖-钯（CS-Pd）组成[35]。该材料有着制备和操作简单、重现性好、灵敏度高等优点，克服了酶基传感器的缺点。性能研究表明，该材料对 AA 表现出优秀的电催化氧化行为，具有传感性能好、响应时间快、选择性高等特点（图 3-23），线性范围为 $0.125\sim118\mu mol \cdot L^{-1}$，最低检出限为 $0.1\mu mol \cdot L^{-1}$，优于大多数已有的研究材料。此外，该传感器成功应用于果汁中 AA 的检测。该材料优异的催化和传感性能主要在于材料中无机化合物和有机化合物的结合。无机化合物具有较高的化学和热稳定性，容易形成薄或厚的薄膜，特别是带有强的负电荷的 $P_2Mo_{17}V$ 多酸，可以直接与带正电荷的有机底物 Ru(bpy)$_3$ 结合，而有机底物可以调节材料的结构并增强对目标分析物的选择性。

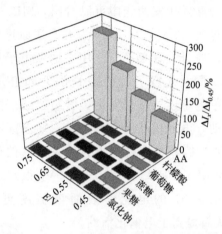

图 3.23 $P_2Mo_{17}V/Ru(bpy)_3/CS\text{-}Pd$ 对 AA 电化学传感的选择性

3.3.2 多巴胺的电催化氧化

Kung 等人报道了一种金属-有机框架 Zr-MOF（NU-902）封装着具有氧化还原活性 $V_{10}O_{28}$ 多酸的材料 $V_{10}O_{28}@NU\text{-}902$[36]。材料 $V_{10}O_{28}@NU$-902 保留了金属-有机框架 NU-902 的结晶度，并显示出 $1190m^2 \cdot g^{-1}$ 的比表面积（图 3-24）。在水溶液的电解质中，封装在材料中多酸 $V_{10}O_{28}$ 单元之间可以发生氧化还原跳跃，使材料制得的薄膜具有很好的电化学活性。

图 3-24 $V_{10}O_{28}@NU\text{-}902$ 的结构

电化学行为研究表明，基于材料 $V_{10}O_{28}@NU\text{-}902$ 的薄膜对多巴胺（DA）的氧化具有电催化活性，并且可以作为 DA 的电化学传感器，最低检测限为 $2.1\mu mol \cdot L^{-1}$，灵敏度为 $85\mu A/(cm^2 \cdot mmol \cdot L^{-1})$，线性范围为 $25\sim400\mu mol \cdot L^{-1}$。

马慧媛等人报道了一种 PMo_9V_3 多酸、多壁碳纳米管（CNTs）和 Pd-Pt 合金纳米颗粒（Pd@Pt）共同修饰的新型复合材料 $PMo_9V_3\text{-}Pd@Pt/$CNTs/ITO，并将其用于 DA 的电催化氧化和电化学传感[37]。Pd@Pt、CNTs 与 PMo_9V_3 同时使用，显著地提高了材料对 DA 的峰值响应电流，降低了 DA 的氧化过电位，同时消除了在电化学传感过程中的 AA 和 UA 的干扰，提高了传感器的选择性。性质研究表明，$PMo_9V_3\text{-}Pd@Pt/CNTs/$

ITO 对 DA 的氧化具有电催化行为（图 3-25）。在电化学传感 DA 的过程中，PMo$_9$V$_3$-Pd@Pt/CNTs/ITO 展示了 $2.5 \times 10^{-8} \sim 1.78 \times 10^{-4}$ mol·L^{-1} 较宽的线性范围，检出限为 1.25×10^{-8} mol·L^{-1}，同时响应时间短、选择性高。此外，该传感器还可以用于人血清和盐酸多巴胺注射液中 DA 的测定，在制备 DA 电化学传感器方面表现出潜在应用价值。

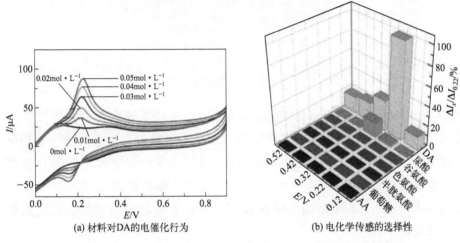

(a) 材料对 DA 的电催化行为　　　(b) 电化学传感的选择性

图 3-25　PMo$_9$V$_3$-Pd@Pt/CNTs/ITO 对 DA 的电催化行为和选择性

3.3.3　尿酸的电催化氧化

马慧媛等人报道了一种聚（二烯丙基二甲基氯化铵）（PDDA）功能化的还原氧化石墨烯（PDDA-rGO）和金（Au）纳米离子与 P$_2$W$_{16}$V$_2$ 多酸（P$_2$W$_{16}$V$_2$-Au）混合物共同组成的复合材料，并以该复合材料制备成了复合薄膜 {PEI/ [P$_2$W$_{16}$V$_2$-Au/PDDA-rGO]$_8$}，用于尿酸（UA）的电催化传感器[38]。在组分中多酸 P$_2$W$_{16}$V$_2$、Au 和 rGO 的协同作用下，使该薄膜在作为电化学传感器方面表现出导电性能良好、传感位点多等优点，使其在 UA 的电化学催化和传感过程中，表现出电流响应强和抗干扰能力强的优点。在最优的条件下，薄膜对 UA 表现出良好的电催化氧化行为，作为电化学传感器时的最低检测限 8.0×10^{-8} mol·L^{-1}，线性范围较宽，并具有良好的循环稳定性、重复性和选择性（图 3-26）。另外，该传感器还适用于实际尿液中的 UA 检测。

沙靖全等人利用柔性的有机配体 1，4-双（咪唑-1-甲基）苯（bix）合成了一个基于 Wells-Dawson 型多酸的超分子化合物（H$_2$bix）$_3$（P$_2$W$_{18}$O$_{62}$）·

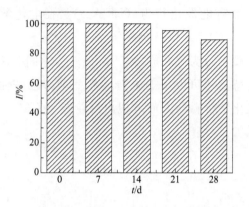

图 3-26　材料对 UA 的可重复使用性

H_2O（$bixP_2W_{18}$）[39]，在表征结构的基础上，考察了这个化合物的电化学性能。结果表明，化合物 $bixP_2W_{18}$ 修饰的碳糊电极对 UA 表现出一定的电催化活性、传感行为和抗干扰能力（图 3-27）。在电化学传感的研究过程中，该电极的检出限为 $5.85 \times 10^{-7} mol \cdot L^{-1}$，在检测浓度 $2.5 \times 10^{-7} \sim 6.99 \times 10^{-4} mol \cdot L^{-1}$ 范围内线性良好，并具有良好的稳定性、可重复使用性以及抗干扰性。

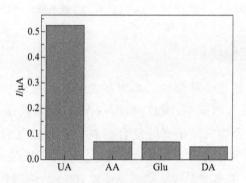

图 3-27　电极对 UA 电化学传感的抗干扰能力

3.3.4　甲醇的电催化氧化

由于甲醇燃料具有比能量密度高、转换效率好的优点，由酸性聚合物电解质和基于贵金属 Pt 电极而制成的直接甲醇燃料电池（DMFC）越来越受到关注。然而，在该电池体系中仍然存在着阳极氧化反应缓慢导致的低功率密度，以及催化剂价格较高等问题。因此，设计和开发性能优异、成本低廉的电催化剂仍是一个具有挑战性的问题。

Kim 等人将多酸 PMo_{12}（POM）浸渍到事先由胶体法制备的 Pt 负载碳纳米管（Pt/CNTs）催化剂中，得到了一种新的催化剂 Pt/CNTs-POM[40]，并研究了催化剂对甲醇的电催化氧化活性。研究结果表明，与 Pt/CNTs 或 POM 浸渍 Pt/C（Pt/C-POM）催化剂体系相比，催化剂 Pt/CNTs-POM 的催化活性提高了至少 50%（图 3-28），甲醇电氧化的稳定性也有所提高，说明催化剂 Pt/CNTs-POM 在甲醇的氧化中表现出良好的电催化性能。电催化性能增强的原因在于 CNTs 的使用以及表面上高度分散的 Pt 纳米颗粒有利于提高催化剂的导电性，同时 POM 的存在有助于氧化去除 Pt 上的有毒物质，从而增强了甲醇的氧化能力。

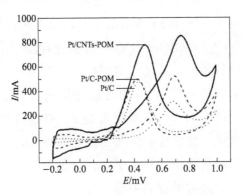

图 3-28 电极在含有 $2mol \cdot L^{-1}$ 甲醇的
$0.5mol \cdot L^{-1}$ 硫酸水溶液中的循环伏安

Oliveira 通过使用多酸 PW_{12} 为还原剂和桥接分子，将 Pt 纳米粒子（Pt NPs）修饰在碳纳米管（CNTs）上，从而得到了一种新型的纳米复合材料 Pt NPs@POM/CNT，并研究了这个材料的电催化氧化甲醇性能[41]。催化性能研究表明，在含有 $0.5mol \cdot L^{-1}$ CH_3OH 的 $0.5mol \cdot L^{-1}$ H_2SO_4 溶液中，以 Pt NPs@POM/CNT 修饰的玻碳电极，在 0.62V 和 0.44V 处观察到了两个典型的与甲醇和中间体氧化有关的氧化峰（图 3-29），峰电流是 Pt/C 为电极材料的 3 倍以上，说明所制备的纳米材料对甲醇的氧化较高的电催化活性。另外，材料 Pt NPs@POM/CNT 的甲醇氧化峰起始电位和峰值电位相对于 Pt-C 催化剂，分别出现了 40mV 和 70mV 的负位移，表明材料的活性有所增强。因此，在 Pt NPs@POM/CNT 纳米材料中 POM 不仅起到还原剂和桥接分子的作用，而且还可以作为催化助剂，在提高催化剂的电催化活性方面起着关键作用。

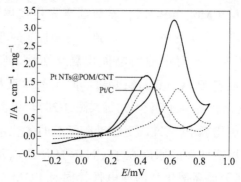

图 3-29　材料在含有 $0.5 \text{mol} \cdot \text{L}^{-1}$ 甲醇的
$0.5 \text{mol} \cdot \text{L}^{-1}$ H_2SO_4 溶液中的循环伏安

　　张光晋等人报道了一种由 Pt 的纳米粒子以及 PW_{12} 多酸修饰的石墨纳米片（GNS）材料 Pt NPs@POM-GNS[42]。催化性能结果表明，以 Pt NPs@POM-GNS 为催化剂的玻碳电极分别在 0.67V 和 0.51V 出现了两个氧化峰（图 3-30），Pt NPs@POM-GNS 的活性是纳米材料 Pt NPs@POM-CB（CB 表示导电碳）的两倍以上，表明制备的 Pt NPs@POM-GNS 纳米材料具有较高的电催化活性。材料优异的催化性能主要在于 GNS 具有高表面积和二维平面，提高了材料导电性和电子的传输能力；Pt NPs 分散良好有利于提高其电催化活性；多酸的存在有助于催化剂的电催化活性和抗中毒性能的提高。

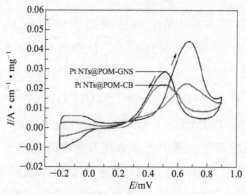

图 3-30　材料在含有 $0.5 \text{mol} \cdot \text{L}^{-1}$ 甲醇的
$0.5 \text{mol} \cdot \text{L}^{-1}$ H_2SO_4 溶液中的循环伏安

3.3.5　水的电催化氧化

　　电催化裂解水已经被认为是开发清洁能源的一种有前途的、可持续的、绿色的途径。该过程主要是由两个最基本的半电池反应组成，即析氢反应和析氧反应。其中，析氧反应被认为是四个电子和四个质子参与的需要较高能量的关键步骤，这便使开发廉价且催化性能优异的水氧化催化剂具有非常重要的意义。

2008 年，Hill 等人报道了一个四核钌功能化的杂多化合物 $\{Ru_4(\mu\text{-}O)_4(\mu\text{-}OH)_2(H_2O)_4\}(\gamma\text{-}SiW_{10}O_{36})_2]\}^{10-}$，并研究了它的电催化水氧化活性[43]。两个三缺位的 Keggin 阴离子 $[\gamma\text{-}SiW_{10}O_{36}]^{8-}$ 之间，共聚一个四核钌簇 $[Ru_4O_4]$（图 3-31）。化合物结构中具有四个氧化还原活性位点 Ru(Ⅳ)，可有效地用于电子转移。每个 Ru 中心都有一个末端配体结合位点，并由水分子配位。多酸的钨氧簇的质子转移位点靠近氧化还原活性反应位点，在水氧化过程中可能发生 Brønsted 酸碱化学反应。电化学性质研究表明，在 pH 为 1 和 4.7 酸性条件下，没有观察到催化电流增加，而在 pH 为 7 的 0.15mol·L^{-1} NaCl 水溶液和 0.025mol·L^{-1} 磷酸钠缓冲液的混合液中，900mV 以上的电流急剧增加，与电催化水氧化现象一致，说明化合物展示出了显著的电催化水氧化行为。

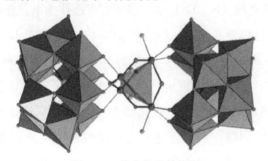

图 3-31　化合物的结构图

为了克服催化剂 $\{Ru_4(\mu\text{-}O)_4(\mu\text{-}OH)_2(H_2O)_4\}(\gamma\text{-}SiW_{10}O_{36})_2]\}^{10-}$ 在中性 pH 条件下产生的电双层效应，研究人员将该催化剂吸附在事先由多孔的湿石墨烯修饰的玻碳电极上，并考察了新电极的电催化水氧化性能[44]。结果表明，在 0.1mol·L^{-1} 硼酸钠缓冲溶液中，特别是在 1.0mol·L^{-1} Ca(NO$_3$)$_2$ 存在的情况下，当电位扫描到大于 1000 mV 时，都观察到一个较大的不可逆氧化过程（图 3-32），说明催化剂和湿石墨烯修饰电极对水氧化反应表现出优异的催化活性。在 0.35V 的中等过电位下，催化剂和湿石墨烯修饰电极的催化活性比聚合物包覆多壁碳纳米管负载电极的催化活性提高了近两个数量级，甚至与 IrO$_2$ 的活性相当。为了考察电极在催化过程中的稳定性，在＋1300mV 的外加电位下进行了恒电位电解实验。结果显示，两次循环后催化剂相对电流密度仅下降了约 10％，说明催化剂的稳定性良好。在电解的早期阶段所观察到的电流密度的快速下降是由于电解过程中在电极表面上聚集了大量的 O_2 气泡，使催化剂的一些活性位点被 O_2 气泡阻塞，导致开始时电流密度迅速衰减。

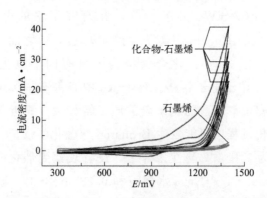

图 3-32　催化剂在 $0.1mol \cdot L^{-1}$ 硼酸钠缓冲液中的电催化行为

考虑到多酸表面的 $\{Bi(OH_2)_2\}^{3+}$ 基团有可能作为电催化水氧化的活性位点，研究人员将活性组分 $K_5[Bi(H_2O)_2SiW_{11}O_{39}] \cdot 13H_2O(1)$ 封装在沸石型金属-有机框架 ZIF-8 的空腔中，得到了一种新的主-客体型复合材料 $H_51@ZIF-8^{[45]}$。材料在较宽 pH 范围内都能表现出电催化水氧化活性，并具有良好的稳定性（图 3-33）。该策略不仅能够解决催化活性中心 $K_5[Bi(H_2O)_2SiW_{11}O_{39}] \cdot 13H_2O$ 的高溶解度问题，而且还能够克服多酸在碱性溶液中容易发生分解的缺点，从而拓宽了催化剂的催化体系 pH 范围。电化学性能研究表明，

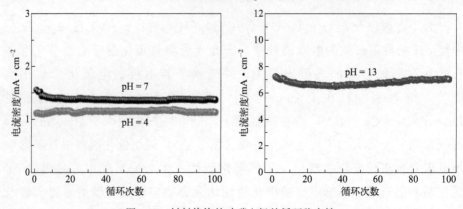

图 3-33　材料修饰的玻碳电极的循环稳定性

以复合材料 $H_5 1@ZIF-8$ 修饰的玻碳电极在宽的 pH 范围内的确表现出良好的电催化水氧化活性。

3.4　多酸基功能材料在电催化方面的应用

综上所述，多酸由于优秀的氧化还原能力，本身不仅能够表现出良好的电催化活性，而且与其他贵金属纳米粒子（如 Pt、Pd 和 Au 等）、导电材料（如碳纳米管、还原氧化石墨烯等）以及金属-有机框架结合后，不仅能够很好地保留自身的催化活性，而且还有助于改进或优化材料的催化性能，使多酸不仅作为催化剂本体，而且也可以作为性能调控角色。目前，这些基于多酸的催化剂在电催化还原、电催化氧化以及电催化全水解领域已经得到广泛的研究。这些研究也暗示着多酸基电催化材料在未来的环境化学、分析化学、能源转化等领域存在着广泛的应用空间。

参考文献

[1] Xuan W M, Pow R, Long D L, et al. Exploring the Molecular Growth of Two Gigantic Half-Closed Polyoxometalate Clusters $\{Mo_{180}\}$ and $\{Mo_{130}Ce_6\}$[J]. Angew Chem Int Ed, 2017, 56(33): 9727-9731.

[2] Zhang Y T, Qin C, Wang X L, et al. High-Nuclear Vanadoniobate $\{Nb_{48}V_8\}$ Multiple-Strand Wheel[J]. Inorg Chem, 2015, 54(23): 11083-11087.

[3] Wang H, Hamanaka S, Nishimoto Y, et al. In Operando X-ray Absorption Fine Structure Studies of Polyoxometalate Molecular Cluster Batteries: Polyoxometalates as Electron Sponges[J]. J Am Chem Soc, 2012, 134(10): 4918-4924.

[4] Boussema F, Haddad R, Ghandour Y, et al. Polyoxometalate $[PMo_{11}O_{39}]^{7-}$/carbon nanocomposites for sensitive amperometric detection of nitrite[J]. Electrochim Acta, 2016, 222: 402-408.

[5] Papagianni G G, Stergiou D V, Armatas G S, et al. Synthesis, characterization and performance of polyaniline-polyoxometalates (XM_{12}, X=P, Si and M=Mo, W) composites as electrocatalysts of bromates[J]. Sensor Actuat B-chem, 2012, 173: 346-353.

[6] Wang P, Wang X P, Jing X Y, et al. Sol-gel-derived, polishable, 1:12-phosphomolybdic acid-modified ceramic-carbon electrode and its electrocatalytic oxidation of ascorbic acid [J]. Anal Chim Acta, 2000, 424(1): 51-56.

[7] Bai Z Y, Gao N, Xu H B, et al. Construction of an ultra-sensitive electrochemical sensor based on polyoxometalates decorated with CNTs and AuCo nanoparticles for the voltam-

metric simultaneous determination of dopamine and uric acid[J]. Microchim Acta, 2020, 187(8): 483.

[8] Chen Y, Li F, Li S, et al. A review of application and prospect for polyoxometalate-based composites in electrochemical sensor[J]. Inorg Chem Commun, 2022, 135: 109084.

[9] Martel D, Kuhn A. Electrocatalytic reduction of H_2O_2 at $P_2Mo_{18}O_6^{26-}$ modified glassy carbon[J]. Electrochim Acta, 2000, 45(11): 1829-1836.

[10] Anwar N, Vagin M, Laffir F, et al. Transition metal ion-substituted polyoxometalates entrapped in polypyrrole as an electrochemical sensor for hydrogen peroxide[J]. Analyst, 2012, 137(3): 624-630.

[11] Yang M, Kim D S, Lee T J, et al. Polyoxometalate-grafted graphene nanohybrid for electrochemical detection of hydrogen peroxide and glucose[J]. J Colloid Interf Sci, 2016, 468: 51-56.

[12] Cui L P, Yu K, Lv J H, et al. A 3D POMOF based on a {AsW_{12}} cluster and a Ag-MOF with interpenetrating channels for large-capacity aqueous asymmetric supercapacitors and highly selective biosensors for the detection of hydrogen peroxide[J]. J Mater Chem A, 2020, 8(43): 22918-22928.

[13] Zhou Y, Bihl F, Bonnefont A, et al. Selectivity and efficiency of nitrite electroreduction catalyzed by a series of Keggin polyoxometalates[J]. J Catal, 2022, 405: 212-223.

[14] Guo W H, Xu L, Xu B B, et al. A modified composite film electrode of polyoxometalate/carbon nanotubes and its electrocatalytic reduction[J]. J Appl Electrochem, 2009, 39(5): 647-652.

[15] Karimi Takallo A, Dianat S, Hatefi-Mehrjardi A. Fabrication and electrochemical study of $K(1,1'-(1,4$ Butanediyl) dipyridinium)$_2$[$PW_{11}O_{39}Co(H_2O)$]/MWCNTs-COOH nanohybrid immobilized on glassy carbon for electrocatalytic detection of nitrite[J]. J Electroanal Chem, 2021, 886: 115139.

[16] Zhang Y C, Tian Y, Chang Z H, et al. A New Anderson-Type Polyoxometalate-Based Metal-Organic Complex for Multi-Functional Electrochemical Application[J]. Eur J Inorg Chem, 2022, 2022(2): e202100725.

[17] Ernst A Z, Sun L, Wiaderek K, et al. Synthesis of Polyoxometalate-Protected Gold Nanoparticles by a Ligand-Exchange Method: Application to the Electrocatalytic Reduction of Bromate[J]. Electroanal, 2007, 19(19-20): 2103-2109.

[18] Manivel A, Sivakumar R, Anandan S, et al. Ultrasound-Assisted Synthesis of Hybrid Phosphomolybdate-Polybenzidine Containing Silver Nanoparticles for Electrocatalytic Detection of Chlorate, Bromate and Iodate Ions in Aqueous Solutions[J]. Electrocatal, 2012, 3(1): 22-29.

[19] Zhang Y N, Zhang Y, Li L, et al. One-step in situ growth of high-density POMOFs

films on carbon cloth for the electrochemical detection of bromate[J]. J Electroanal Chem, 2020, 861: 113939.

[20] Ali B, Laffir F, Kailas L, et al. Electrochemical Characterisation of Ni^{II}-Crown-Type Polyoxometalate-Doped Polypyrrole Films for the Catalytic Reduction of Bromate in Water[J]. Eur J Inorg Chem, 2019, 2019(3-4): 394-401.

[21] Marleny Rodriguez-Albelo L, Ruiz-Salvador A R, Sampieri A, et al. Zeolitic Polyoxometalate-Based Metal—Organic Frameworks (Z-POMOFs): Computational Evaluation of Hypothetical Polymorphs and the Successful Targeted Synthesis of the Redox-Active Z-POMOF1[J]. J Am Chem Soc, 2009, 131(44): 16078-16087.

[22] Zhang L j, Wang X, Yang P-z, et al. A lindquist-type polyoxometalate-based metal-organic framework as electrochemical sensor and efficient catalyst for selective oxidation of thioether[J]. Inorg Chim Acta, 2022, 542: 121125.

[23] Niu J-Q, An W T, Zhang X J, et al. Ultra-trace determination of hexavalent chromium in a wide pH range triggered by heterometallic Cu-Mn centers modified reduced phosphomolybdate hybrids[J]. Chem Eng J, 2021, 418: 129408.

[24] Wang X, Li H, Lin J, et al. Capped Keggin Type Polyoxometalate-Based Inorganic-Organic Hybrids Involving In Situ Ligand Transformation as Supercapacitors and Efficient Electrochemical Sensors for Detecting Cr(Ⅵ)[J]. Inorg Chem, 2021, 60(24): 19287-19296.

[25] Liu Q-Q, Wang X L, Lin H Y, et al. Two new polyoxometalate-based metal-organic complexes for the detection of trace Cr(Ⅵ) and their capacitor performance[J]. Dalton Trans, 2021, 50(27): 9450-9456.

[26] Guo W H, Tong X L, Liu S B. Polyoxometalate/chitosan-electrochemically reduced graphene oxide as effective mediating systems for electrocatalytic reduction of persulfate[J]. Electrochim Acta, 2015, 173: 540-550.

[27] Ingavale S, Patil I, Prabakaran K, et al. Microwave-assisted synthesis of cobalt-polyoxometalate@carbon black nanocomposites and their electrocatalytic ability toward oxygen reduction reaction[J]. Int J Energ Res, 2021, 45(5): 7366-7379.

[28] Liu R J, Li S W, Yu X L, et al. Facile synthesis of a Ag nanoparticle/polyoxometalate/carbon nanotube tri-component hybrid and its activity in the electrocatalysis of oxygen reduction[J]. J Mater Chem, 2011, 21(38): 14917-14924.

[29] Xie X H, Nie Y, Chen S G, et al. A catalyst superior to carbon-supported-platinum for promotion of the oxygen reduction reaction: reduced-polyoxometalate supported palladium[J]. J Mater Chem A, 2015, 3(26): 13962-13969.

[30] Girardi M, Platzer D, Griveau S, et al. Assessing the Electrocatalytic Properties of the $\{Cp^* Rh^{III}\}^{2+}$-Polyoxometalate Derivative $[H_2 PW_{11} O_{39} \{Rh^{III} Cp^* (OH_2)\}]^{3-}$ towards

CO₂ Reduction[J]. Eur J Inorg Chem, 2019, 2019(3-4): 387-393.

[31] Wang Y R, Huang Q, He C T, et al. Oriented electron transmission in polyoxometa-late-metalloporphyrin organic framework for highly selective electroreduction of CO₂ [J]. Nat Commun, 2018, 9(1): 4466.

[32] Du J, Lang Z L, Ma Y Y, et al. Polyoxometalate-based electron transfer modulation for efficient electrocatalytic carbon dioxide reduction[J]. Chem Sci, 2020, 11(11): 3007-3015.

[33] Zhang W, Du D, Gunaratne D, et al. Polyoxometalate-Graphene Nanocomposite Modi-fied Electrode for Electrocatalytic Detection of Ascorbic Acid[J]. Electroanal, 2014, 26 (1): 178-183.

[34] Fernandes D M, Barbosa A D S, Pires J, et al. Novel Composite Material Polyoxovana-date@MIL-101(Cr): A Highly Efficient Electrocatalyst for Ascorbic Acid Oxidation [J]. ACS Appl Mater Interfaces, 2013, 5(24): 13382-13390.

[35] Zhang L, Li S B, O'Halloran K P, et al. A highly sensitive non-enzymatic ascorbic acid electrochemical sensor based on polyoxometalate/Tris(2,2'-bipyridine)ruthenium (Ⅱ)/chitosan-palladium inorganic-organic self-assembled film[J]. Colloid Surface A, 2021, 614: 126184.

[36] Ho W H, Chen T Y, Otake K i, et al. Polyoxometalate adsorbed in a metal-organic framework for electrocatalytic dopamine oxidation[J]. Chem Commun, 2020, 56(79): 11763-11766.

[37] Jiao J, Zuo J W, Pang H J, et al. A dopamine electrochemical sensor based on Pd-Pt al-loy nanoparticles decorated polyoxometalate and multiwalled carbon nanotubes[J]. J Electroanal Chem, 2018, 827: 103-111.

[38] Bai Z Y, Zhou C L, Xu H B, et al. Polyoxometalates-doped Au nanoparticles and re-duced graphene oxide: A new material for the detection of uric acid in urine[J]. Sensor Actuat B-chem, 2017, 243: 361-371.

[39] Liu C, Xu M Q, Tan Z L, et al. Assembly of Wells-Dawson Polyoxometalate based Crystal Compound for Uric Acid Electrochemical Detection[J]. Z Anorg Allg Chem, 2020, 646(11-12): 489-494.

[40] Seo M H, Choi S M, Kim H J, et al. A polyoxometalate-deposited Pt/CNT electrocata-lyst via chemical synthesis for methanol electrooxidation[J]. J Power Sources, 2008, 179(1): 81-86.

[41] Li S W, Yu X L, Zhang G J, et al. Green synthesis of a Pt nanoparticle/polyoxometa-late/carbon nanotube tri-component hybrid and its activity in the electrocatalysis of methanol oxidation[J]. Carbon, 2011, 49(6): 1906-1911.

[42] Liu R J, Li S W, Yu X L, et al. A general green strategy for fabricating metal nanopar-

ticles/polyoxometalate/graphene tri-component nanohybrids: enhanced electrocatalytic properties[J]. J Mater Chem, 2012, 22(8): 3319-3322.

[43] Geletii Y V, Botar B, Kögerler P, et al. An All-Inorganic, Stable, and Highly Active Tetraruthenium Homogeneous Catalyst for Water Oxidation[J]. Angew Chem Int Ed, 2008, 47(21): 3896-3899.

[44] Guo S X, Liu Y, Lee C-Y, et al. Graphene-supported[$\{Ru_4O_4(OH)_2(H_2O)_4\}(\gamma\text{-}SiW_{10}O_{36})_2]^{10-}$ for highly efficient electrocatalytic water oxidation[J]. Energy Environ Sci, 2013, 6(9): 2654-2663.

[45] Mulkapuri S, Ravi A, Das S K. Fabricating a Functionalized Polyoxometalate with ZIF-8: A Composite Material for Water Oxidation in a Wide pH Range[J]. Chem Mater, 2022, 34(8): 3624-3636.

第4章
多酸基功能材料的有机催化性能

4.1 引言

　　多酸由于自身的酸性和在氧化还原过程中表现出来的优异的结构稳定性，目前已成为非常受欢迎的催化剂。基于多酸的均相催化工艺由于其高活性、低毒和无腐蚀等优点已经实现了工业化。然而，均相催化体系通常存在反应结束后催化剂难回收、产物难纯化等缺点，因此，多酸的非均相催化体系备受研究人员的关注。多酸基无机-有机杂化物是一类具有独特结构和物理/化学性质的材料。金属-有机配合物与多酸的结合，不仅能够获得各种新型的催化剂，而且也能为多酸的修饰和功能化提供了新方法。同时，多酸基无机-有机杂化物具有结构清晰、耐水性等特点，有利于深入探讨反应的催化机理。另外，将多酸装入具有比表面积较大的多孔材料中也是一种有效的催化剂合成手段，结构中的多酸和金属分别被认为是潜在的Brønsted酸位点和Lewis酸位点，能够实现多位点催化，从而提高催化剂的活性。有机配体的引入则有利于增加结构的孔隙率，或调控结构的极性。到目前为止，研究人员已经报道了一系列多酸基于无机-有机杂化物作为非均相催化剂。这些杂化物的催化性能、结构稳定性和重复使用性都很突出，在非均相催化领域具有广阔的应用前景。

4.2 催化氧化性能

　　众所周知，氧化反应广泛地存在于有机合成和药物合成过程中。催化剂的使用是有效实现一些氧化反应的关键。多酸及其衍生材料作为良好的催化剂，在有机氧化反应中已经得到广泛的研究。

4.2.1 硫醚的催化氧化

硫醚类化合物的非均相催化氧化，不仅可以作为工业上有效脱硫的重要手段，而且其选择性氧化得到的亚砜类化合物也是化工和医药研究领域的重要中间体，而具有优异催化活性和选择性的催化剂是实现这类反应的关键。以多酸基金属-有机框架或复合材料作为催化剂的催化体系，凭借着高效、选择性好、无污染等优点，已经受到广大研究人员的关注。

王秀丽课题组报道了一种篮子状的四面体多酸大分子簇 $(Hbiz)_{12}$ $[(P_2Co_2Mo_4^V O_8)_2 (P_2Mo_2^V O_8)_4 (Pb \subset P_6Co_2Mo_2^V Mo_{14}^{VI} O_{73})_4] \cdot 129H_2O$[1]。在这个结构中存在以下结构单元（图 4-1），$[P_2Mo_2^V O_8]$、$[P_2Co_2Mo_4^V O_8]$ 和 $[Pb \subset P_6Co_2Mo_{16}O_{73}]$。四个 $[P_2Mo_2^V O_8]$ 和两个 $[P_2Co_2Mo_4^V O_8]$ 通过共用的氧原子，形成 $[P_{12}Co_4Mo_{16}^V O_{48}]$ 结构单元；$[Pb \subset P_6Co_2Mo_{16}O_{73}]$ 以共价连接的方式位于 $[P_{12}Co_4Mo_{16}^V O_{48}]$ 结构单元的四个顶点。性能研究表明，在苯硫醚选择性氧化生成亚砜的反应中，该化合物表现出优异的非均相催化活性。在乙醇为溶剂、叔丁基过氧化氢（TBHP）为氧化剂、该化合物为催化剂的非均相催化体系中，反应温度为 60℃ 时，80min 内苯硫醚选择性氧化生成亚砜的转化率达到 99% 以上，选择性为 98.7%。在催化反应过程中，化合物还表现出令人满意的结构稳定性和重复使用性。结果说明，该

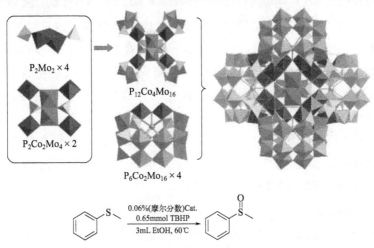

图 4-1　化合物结构和催化反应模型

化合物对苯硫醚的选择性氧化具有优异的非均相催化活性。

王训等人将三种不同的多钼酸 $[TBAB]_2Mo_6O_{19}$ （M6）、$[TBAB]_4Mo_8O_{26}$ （M8）、$H_3PMo_{12}O_{40} \cdot xH_2O$ （M12）引入到氧化锌（ZnO）反应体系中，合成了三种氧化锌-多酸基纳米片 Z-M6、Z-M8 和 Z-M12[2]。多酸与 ZnO/Zn(OH)$_2$ 分子相互作用，形成了稳定的二维纳米片结构。性质研究表明，室温下，这些杂化材料可以作为非均相催化剂，在硫醚化合物氧化反应中表现出优异的催化活性、选择性和稳定性。在四氢噻吩（THT）催化氧化中，Z-M8 和 Z-M12 催化剂的质量比活性最高，可达 255.2mmol $\cdot$ g^{-1} $\cdot$ h^{-1}，选择性为 100%；在甲基苯硫醚（MPS）催化氧化中，催化剂可在 2min 内完成硫醚到砜的催化氧化，产物转化率和选择性均可达 100%，催化剂的质量比活性为 190.8mmol $\cdot$ g^{-1} $\cdot$ h^{-1}；在二苯硫醚（DPS）氧化过程中，Z-M8 表现出最佳的催化活性，其质量比活性为 268.9mmol $\cdot$ g^{-1} $\cdot$ h^{-1}；而对于空间位阻较大的二苯并噻吩（DBT），Z-M8 催化剂可以在 25min 内成功实现 DBT100% 转化为砜，Z-M6 和 Z-M12 催化剂在室温条件下均可在 50min 内完成反应，选择性 100%。材料优异的性能主要归因于材料的二维亚纳米结构并拥有较大的比表面积，能够暴露出更多的催化活性位点。另外，材料中多组分的协同作用在催化过程中也发挥了重要作用。

王祥等人利用配体 3,5-双(1,2,4-三氮唑基-1-基)苯甲腈（DTCN）在水热条件下原位转化生成 3,5-双(1,2,4-三氮唑基-1-基)苯甲酸（HDTBA），合成了两种基于钒多酸的无机-有机杂化物 $[Co(HDTBA)V_2O_6]$ （1）和 $[Ni(H_2O)_2(DTBA)_2V_2O_4(OH)_2] \cdot 4H_2O$ （2）[3]。HDTBA 配体将含有 $[V_4O_{12}]^{4-}$ 环的无机层 $[Co_2(V_4O_{12})]_n$ 连接成为化合物 1 的三维框架结构。化合物 2 是一个二维的结构，金属镍离子连接着 DTBA 配体修饰的双核钒簇 $[(DTBA)_2V_2O_4(OH)_2]^{2-}$。催化性能研究表明，在硫醚化合物选择性氧化生成砜的反应中，化合物 1 和 2 具有优秀的非均相催化活性，以及良好的选择性和稳定性。尤其是化合物 2，在甲醇为溶剂的反应体系中，以 0.75mmol 叔丁基过氧化氢（TBHP）为氧化剂，3μmol 化合物 2 为催化剂，反应温度为 50℃ 的条件下，15min 内甲基苯硫醚到砜的转化率可达 100%，选择性可达 99% 以上（图 4-2）。

Farha 采用浸渍法成功地将 Keggin 型多酸 $H_3PW_{12}O_{40}$ 掺入介孔的锆金属-有机框架 NU-1000 中，得到了一种多酸基杂化材料 PW$_{12}$@NU-1000[4]。通过对复合材料 PW$_{12}$@NU-1000 的表征发现，框架 NU-1000 具有较高的

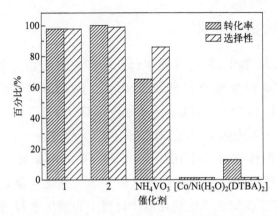

图 4-2　化合物的结构以及对甲基苯硫醚的催化氧化活性

结晶度和孔隙率，而且复合材料在不同 pH 值的水溶液中也非常稳定。催化性能表明，在 2-氯乙基乙基硫化物（CEES）氧化为亚砜（CEESO）的反应中，材料 PW_{12}@NU-1000 表现出良好的非均相催化活性，具有令人满意的稳定性和重复使用性。框架 NU-1000 的初始 TOF 值为 $3.1min^{-1}$，$H_3PW_{12}O_{40}$ 为 $9.3min^{-1}$，PW_{12}@NU-1000 为 $10.4min^{-1}$。PW_{12}@NU-1000 表现出比单独的多酸或框架更快的初始速率和更高的 TOF 值。单独的 $H_3PW_{12}O_{40}$ 催化 CEES 完全转化为亚砜 CEESO 需 90min，在相同条件下 PW_{12}@NU-1000 仅需要 20min。另外，单独的 $H_3PW_{12}O_{40}$ 显示良好的选择性催化，产物仅有亚砜 CEESO 生成，框架 NU-1000 的催化产物为 $CEESO_2$。而 PW_{12}@NU-1000 的催化产物为二者的混合物。这一结果说明，催化剂活性的增加主要是由于多酸和框架节点的协同作用；亚砜的选择性表明，PW_{12}@NU-1000 结构中的多酸和框架在反应中都起到催化作用（图 4-3）。

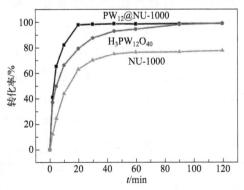

图 4-3　PW_{12}@NU-1000 的催化性能

4.2.2 烷基苯的催化氧化

杨国昱等人报道了基于三种 Keggin 型多酸的由 5-四邻苯二甲酸（H_3TZI）配体构筑的金属-有机框架$[PMo_{12}O_{40}]@[Cu_6O(TZI)_3(H_2O)_9]_4 \cdot OH \cdot 31H_2O$（HLJU-1）、$[SiMo_{12}O_{40}]@[Cu_6O(TZI)_3(H_2O)_9]_4 \cdot 32H_2O$（HLJU-2）和$[PW_{12}O_{40}]@[Cu_6O(TZI)_3(H_2O)_6]_4 \cdot OH \cdot 31H_2O$（HLJU-3）[5]。结构分析表明，配体 TZI 和金属构筑的金属-有机框架具有笼型的多孔结构，多酸离子恰好位于这些笼型孔中（图 4-4）。催化性能表明，HLJU-1、HLJU-2、HLJU-3 在烷基苯的催化氧化过程中表现出独特的催化活性和选择性。当选用甲苯为底物时，HLJU-1 催化氧化甲苯转化为苯甲酸的转化率为 99%，选择性最好，证明多酸插入框架后，使烷基苯催化氧化反应的选择性显著增强。以乙苯为底物，HLJU-1 的催化产率最高为 81%。为了考察底物尺寸对催化转化率和选择性的影响，在 HLJU-1 催化反应中采用了几种不同尺寸的烷基苯底物。结果发现，随着烷基苯尺寸的增加，催化转化率逐渐降低。原因可能是乙苯可以通过孔隙扩散并接触到框架内的多酸离子，并发生催化反应，空间位阻较大的四氢萘、芴和联苯甲烷则不能通过孔隙扩散，它们可能吸附到含有催化剂的表面孔隙上，反应可能只发生在固体表面，从而导致反应速率降低。

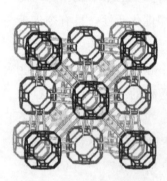

图 4-4　HLJU-1 框架的结构

吴传德课题组利用卟啉配体四吡啶卟啉（TPyP），合成了一种含有 Keggin 型多酸 $[PW_{12}O_{40}]^{3-}$ 的多酸基金属-卟啉化合物$\{[Cd(DMF)_2Mn^{III}(DMF)_2TPyP](PW_{12}O_{40})\} \cdot 2DMF \cdot 5H_2O$（**3**）[6]。结构分析表明，卟啉配体 TPyP 和金属 Cd 形成一个二维的层，$[PW_{12}O_{40}]^{3-}$ 多酸则位于层与层之间。催化性质研究发现，化合物在烷基苯氧化过程中表现出较好的非均相催化活性，并具有较高的收率和选择性（图 4-5）。以化合物 **3** 为催化剂，叔丁基过氧化氢（TBHP）为氧化剂，乙苯为底物，水为溶剂的反应体系中，80℃下反应 12h 后，化合物能够催化氧化乙苯转化为苯乙酮，选择性为 100%，产率可达到 92.7%，性能优于前驱体 MnCl-TPyP。另外，在最佳的反应条件下，催化剂也能以 100% 的选择性将丙苯和四氢萘催化氧化成为相应的酮类化合物。结果表明，化合物在烷基苯的催化氧化过程中具有突出的选择性。

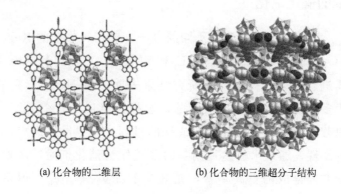

(a) 化合物的二维层　　　　　　(b) 化合物的三维超分子结构

图 4-5　化合物 **3** 的结构

牛景杨课题组使用 1,2,4-三唑（trz）为有机配体，在水热条件下合成了一个基于 $[PW_{12}O_{40}]^{3-}$ 多酸的金属-有机框架 HENU-7[7]。性能研究表明，HENU-7 可作为优良的二苯基甲烷氧化的非均相催化剂。在含有 1mmol DPM 的 0.5mL 乙腈反应体系中，3mmol 叔丁基过氧化氢（TBHP）为氧化剂，0.5 mol％的 HENU-7 为催化剂，在 75℃下反应 24h，HENU-7 将 DPM 催化氧化为二苯甲酮的转化率为 96％，选择性为 99％（图 4-6），其催化性能优于大多数非贵金属的多酸基催化剂。此外，催化剂 HENU-7 结构稳定，循环使用五次后，催化活性无明显损失，并且在催化不同烷基苯底物的氧化过程中，转化率和选择性均令人满意，具有良好的催化活性和循环利用性。

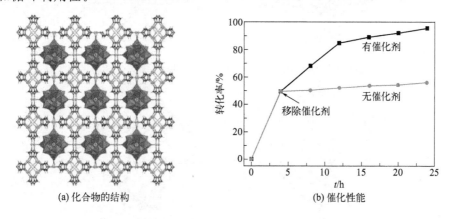

(a) 化合物的结构　　　　　　　(b) 催化性能

图 4-6　HENU-7 的结构和对 DPM 氧化的催化性能

4.2.3　苯的催化氧化

　　Arichi 采用传统和水热两种不同的方法合成了钒修饰的 Keggin 型多酸 $H_4PVMo_{11}O_{40}$、$H_5PV_2Mo_{10}O_{40}$ 和 $H_6PV_3Mo_9O_{40}$，并用粉末 X 射线衍射等手段对其进行了表征[8]。性质研究结果表明，在 H_2O_2 存在的条件下，这些钒取代多酸能够将苯氧化成苯酚，选择性接近 100%。此外，这些多酸在将其他芳烃氧化成为相应的酚或酮的过程中，也能表现出良好的催化性能。分析发现，通过水热途径制备的多酸作为催化剂时，产物苯酚收率比通过传统方法合成的更高一些，尤其是 $H_5PV_2Mo_{10}O_{40}$。但是，在连续催化反应之后，这些催化剂的稳定性有所下降。因此，进一步制备催化性能优异和稳定的此类催化剂仍然存在着巨大的挑战。

　　许岩等人通过水热法成功合成了两种含有钒取代的多酸基金属-有机框架 $[Cu_{12}(BTC)_8(H_2O)_{12}][H_4PMo_{11}VO_{40}]@(H_2O)_{30}$ (4) 和 $[Cu_{12}(BTC)_8(H_2O)_{12}][H_5PMo_{10}V_2O_{40}]@(H_2O)_{49}$ (5)[9]。结构分析发现，在这两个化合物的结构中存在着独立的多核水簇。其中，化合物 4 中的是八面体构型的水簇 $(H_2O)_{30}$，化合物 5 中的是笼状水簇 $(H_2O)_4$（图 4-7）。如此的水簇，在多酸基金属-有机框架的结构中是罕见的。作者考察了热处理前后的

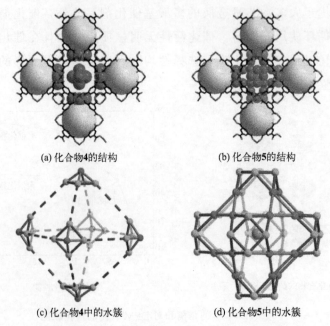

(a) 化合物4的结构　　　　　　　　　　(b) 化合物5的结构

(c) 化合物4中的水簇　　　　　　　　　(d) 化合物5中的水簇

图 4-7　化合物 **4**、**5** 的结构以及结构中的水簇

两个化合物对苯生成苯酚的催化活性。结果表明，当使用这两种化合物作为催化剂时，苯的转化率分别仅为 6.7% 和 7.2%。然而，热处理去除水簇后，两个化合物的催化活性明显有所提高，苯转化率分别提高到 13.1% 和 14.3%，对苯酚的选择性分别达到 87.2% 和 93.4%，表明热处理后的化合物具有良好的催化活性。原因在于化合物经过热处理去除水团簇后，有利于充分暴露结构中的活性位点，从而获得更高的催化活性。尤其是以经过热处理的化合物 **5** 作为催化剂时，苯酚的 TON 值为 209.2，苯酚收率为 13.4%，表现出很好的催化活性。

　　王军等人把 V-席夫碱功能化离子液体（V-MimSaIm）与含钒取代的 Keggin 型多酸 $H_5PMo_{10}V_2O_{40}$（PMoV）进行阴离子交换，制备了一种新型的金属-有机多酸基杂化材料 V-MimSaIm-PMoV[10]。在乙腈为溶剂的反应体系中，以过氧化氢作为氧化剂，催化剂 V-MimSaIm-PMoV 对苯氧化生成苯酚的反应表现出优异的非均相催化活性，具有良好的转化率、选择性和稳定性，苯酚收率为 19.6%，选择性为 100%（图 4-8），其性能优于初始原料 V-MimSaIm 和 PMoV。另外，催化剂还具有很好的重复使用性，重复使用至少四次不失活性。分析表明，材料中的 V-MimSaIm 组分和 PMoV 多酸的两个 V 活性中心，以及金属席夫碱和多酸的协同作用，对催化剂活性的提高起着重要作用。

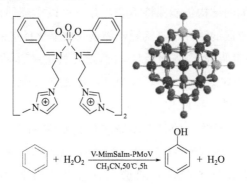

转化率：19.6%　选择性：100%

图 4-8　催化剂 V-MimSaIm-PMoV 的组成和催化性能

　　该课题又将 Keggin 磷钼钒酸 $H_5PMo_{10}V_2O_{40}$（$PMoV_2$）修饰的离子液体 [DiBimCN]Br_2（IL-POM）与氮掺杂的介孔碳（NC）结合，得到一种新型的碳基杂化材料 [DiBimCN]$_2HPMoV_2$@NC[11]。在无还原剂的条件下，该材料可以作为首个非贵金属的、高效的有氧催化苯生成苯酚的非均相催化剂（图 4-9），并具有产率高、易分离和重复使用的优点。［DiBim-CN］$_2$ HPMoV$_2$@NC 的制备体系有利于增强催化剂的活性和循环使用性，甚至比以往的贵金属体系更好，而新设计的含有氰基和双阳离子中心的离子液体具有较高的效率和非均质性。性质研究表明，在苯转化为苯酚的氧化过程中，材料［DiBimCN］$_2$ HPMoV$_2$@NC 表现出了良好的非均相催化活性，苯酚的产率为 10.5%，TON 值为 14.1。结构和活性分析表明，催化剂优异的活性来自于氰基和 O$_2$ 以及 IL-POM 中的钒组分共同对底物苯的活化结果。

4.2.4 苯酚的催化氧化

在 35% 过氧化氢水溶液的绿色反应体系中，Kholdeeva 调查了三种不同金属取代的 γ-Keggin 型多酸对烷基酚或萘酚的选择性催化氧化性能，包括两个钒金属取代的 TBA$_4$ H［γ-PW$_{10}$ V$_2$ O$_{40}$］和 TBA$_4$ H$_2$［γ-SiW$_{10}$ V$_2$ O$_{40}$］，以及两个钛金属取代的 TBA$_8$［$\{\gamma$-SiW$_{10}$ Ti$_2$ O$_{36}$ (OH)$_2\}_2$ (μ-O)$_2$］[12]。研究结果表明，两个钒金属取代的 TBA$_4$ H［γ-PW$_{10}$ V$_2$ O$_{40}$］表现出了优异的催化活性和选择性，并能够以极好的产率将烷基取代的苯酚或萘酚催化氧化为对应的苯醌产物。尤其是在最优的反应条件下（图 4-10），能够将工业上重要的 2,3,6 三甲基苯酚（TMP）接近定量地催化氧化成为 2,3,5-三甲基对苯醌（TMBQ），H$_2$O$_2$ 的利用效率可达到 90%，催化效果是非常令人满意的。另外，反应结束后，催化剂的结构仍能保持不变，并且可以循环使用。核磁共振分析发现，催化过程中形成的活性过氧钒配合物是完成催化反应的主要活性物种。

为了进一步提升催化的催化活性，研究人员进一步将两个钒金属取代的多酸 TBA$_4$ H［γ-PW$_{10}$ V$_2$ O$_{40}$］(V$_2$-POM) 负载到氮掺杂的碳纳米管（N-CNTs）上，从而得到一系列 V$_2$-POM 含量为 5%～25%（质量分数）、氮含量为 0～4.8%（原子数）的负载型杂多催化剂 V$_2$-POM/N-CNTs[13]。在温度为 60℃、乙腈为溶剂和 H$_2$O$_2$ 为氧化剂的条件下，作者还考察了催化剂对 2,3,6-三甲基苯酚（TMP）的选择性催化氧化性能。结果发现，当 V$_2$-POM 的负载量为 15%（质量分数）、氮掺杂量为 1.8%（质量分数）时（图 4-11），催化性能最佳。在最优的反应条件下，材料能够以 99% 收率将 TMP 催化氧化成为 2,3,5-三甲基对苯醌（TMBQ），氧化剂 H$_2$O$_2$ 的利用效率可达到 80%，TOF 值为 500h^{-1}，时空产率为 450g・L^{-1}・h^{-1}，说明催化剂具有非常出色的催化能力。分析得出，载体中氮的掺杂有利于多酸 V$_2$-POM 在碳表面的吸附，进而提高了催化性能。

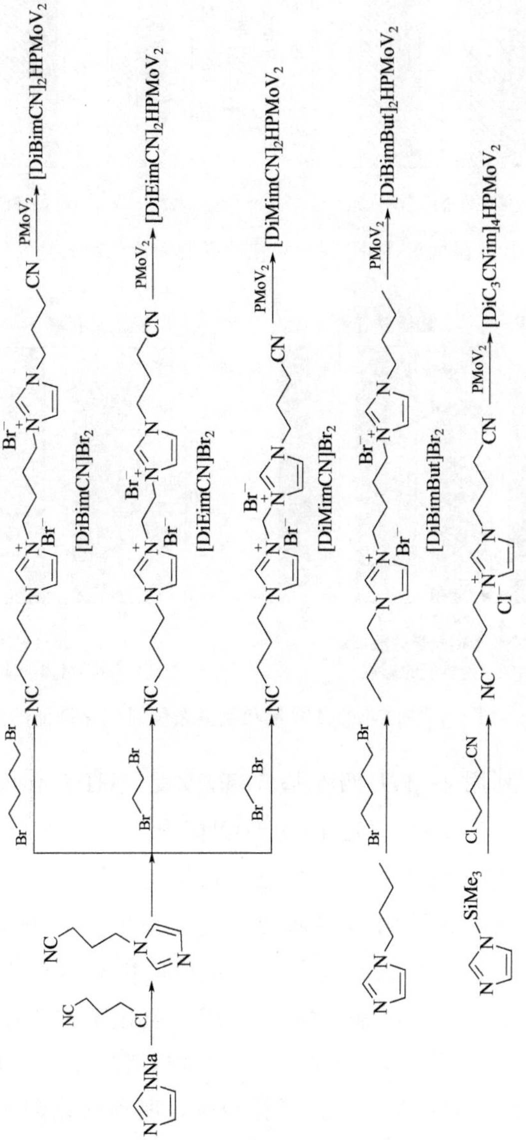

图 4-9　材料的制备过程

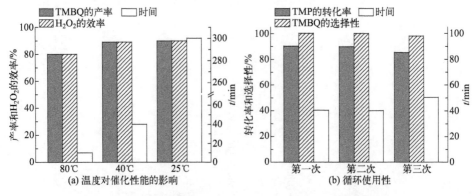

图 4-10　温度对 TMP 催化氧化的影响和催化剂的重复使用性

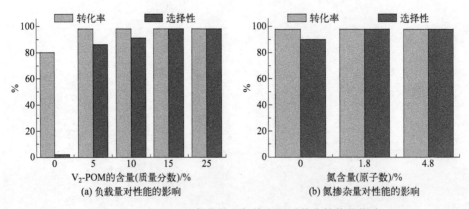

图 4-11　V_2-POM 的负载量和氮掺杂量对催化性能的影响

安海燕等人利用 4-(1H-四唑基-5-基)吡啶（HL）合成了两个多酸基配合物 $H_3[Cu_3^I(L)_3]_2[PMo_{12}O_{40}] \cdot 4H_2O(\textbf{6})$ 和 $H_3[Cu_3^I(L)_3]_2[PW_{12}O_{40}] \cdot 6H_2O(\textbf{7})^{[14]}$。结构分析表明，两个配合物均是二维的层状结构（图 4-12）。催化性能研究发现，在乙腈为溶剂的反应体系中，以 H_2O_2 为氧化剂，两个配合物在苯酚转化为苯醌的选择性氧化反应中表现出良好的非均相催化活性。尤其是在 2,3,6 三甲基苯酚（TMP）氧化生成三甲基对苯醌（TM-BQ）的反应中，在最优反应条件下，配合物 **6** 和 **7** 的 TOF 值高达 2400h^{-1} 和 2000h^{-1}，产物的收率接近 100%。同时，两种催化剂在催化过程中都有着良好的稳定性、可回收性和循环使用性。机理研究揭示，催化过程中两种催化剂均经历一种杂溶氧原子转移机制和溶血自由基机制参与的双重反应途径。另外，配合物的二维结构拥有的更容易接触的双侧活性位点以及高效传质效率，使其能够表现出比同类三维材料更优的催化活性。

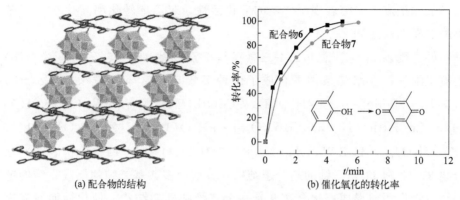

(a) 配合物的结构　　　　　　　　(b) 催化氧化的转化率

图 4-12　配合物的二维结构和 TMP 催化氧化的转化率

4.2.5　苯乙烯的催化氧化

吴传德等人利用 $[Na_{12}(H_2O)_{38}][WZn\{M(H_2O)\}_2(ZnW_9O_{34})_2]\cdot$ $3H_2O$（M=Mn，Co）与 $Co(NO_3)_2\cdot 6H_2O$ 反应，得到一个多酸配合物 $[Co(H_2O)_6]_2\{[Co(H_2O)_4]_2[Co(H_2O)_5]_2WZn[Co(H_2O)]_2$ $(ZnW_9O_{34})_2\}\cdot 10H_2O^{[15]}$。结构表征得出，钴（Ⅱ）阳离子将多阴离子 $\{WZn[Co(H_2O)]_2(ZnW_9O_{34})_2\}^{12-}$ 连接成为一个一维的无机多阴离子链 $\{[Co(H_2O)_4]_2[Co(H_2O)_5]_2WZn[Co(H_2O)]_2(ZnW_9O_{34})_2\}^{4-}$。同时，游离的钴（Ⅱ）阳离子作为抗衡阳离子存在于结构中（图 4-13）。性质研究表明，化合物结构中的钴（Ⅱ）可以作为氧化还原活性位点，从而使化合物展现出了很好的催化活性。以 H_2O_2 为氧化剂的反应体系中，化合物对苯

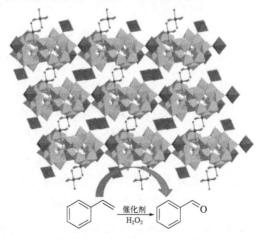

图 4-13　配合物的结构图与苯乙烯的催化氧化反应

乙烯氧化生成苯甲醛表现出优良的催化活性，苯乙烯转化率高达96%，苯甲醛选择性高达99%。

韩占刚以1,3,5-三(1,2,4-三氮唑基-1-亚甲基)-2,4,6-三甲基苯（ttb）为有机配体，在水热条件下合成了四种多酸基金属-有机框架，$[Co(ttb)(H_2O)_3]_2[SiMo_{12}O_{40}] \cdot 2H_2O(\mathbf{8})$、$[Co(ttb)(H_2O)_2]_2[SiW_{12}O_{40}] \cdot 8H_2O$（**9**）、$[Zn(Httb)(H_2ttb)][BW_{12}O_{40}] \cdot 9H_2O$（**10**）和$\{[Zn(H_2O)_3(ttb)]_4[Zn_3(H_2O)_6]\}[H_3SiW_{10.5}Zn_{1.5}O_{40}]_2 \cdot 24H_2O$（**11**）[16]。结构分析表明，化合物**8**、**10**和**11**是三维的超分子结构，分别由多酸基二维的层或一维的链通过氢键作用而形成；化合物**9**是一个三维的框架结构。催化性能研究表明，化合物**8～11**可以作为苯乙烯选择性催化氧化反应的非均相催化剂。由于多酸阴离子与过渡金属中心的协同作用，化合物表现出了苯乙烯转化率高、苯甲醛选择性好的双重优势。其中，以化合物**8**表现出高的催化性能（图4-14），3h内苯乙烯的转化率为96%，苯甲醛选择性为99%。同时，化合物**8**还表现出良好的重复使用性和结构稳定性。

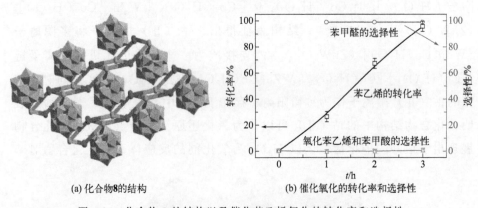

(a) 化合物**8**的结构   (b) 催化氧化的转化率和选择性

图4-14　化合物**8**的结构以及催化苯乙烯氧化的转化率和选择性

李阳光等人将$[BW_{12}O_{40}]^{5-}$多酸离子封装在1,4-双(1,2,4-三氮唑基-1-亚甲基)苯（BBTZ）配体构筑的钴金属-有机框架中，得到了两种多酸基金属-有机框架$[Co(BBTZ)_2][H_3BW_{12}O_{40}] \cdot 10H_2O(\mathbf{12})$和$[Co_3(H_2O)_6(BBTZ)_4][BW_{12}O_{40}] \cdot NO_3 \cdot 4H_2O(\mathbf{13})$[17]。两个化合物展示了csd型和多轮烷的三维框架结构，结构中分别含有三维和沿[100]方向一维的通道。在苯乙烯选择性氧化生成苯甲醛的过程中，两个化合物都具有良好的催化活性。以化合物**12**为催化剂时，在乙腈为溶剂体系中，H_2O_2为氧化剂，反应温度为70℃，4h内苯乙烯的转化率可达到100%，苯甲醛的选择性为 96％（图 4-15）。对照实验结果表明，结构中 $[BW_{12}O_{40}]^{5-}$ 多酸、Co^{2+} 活性中心以及三维框架结构共同提高了催化剂的性能。

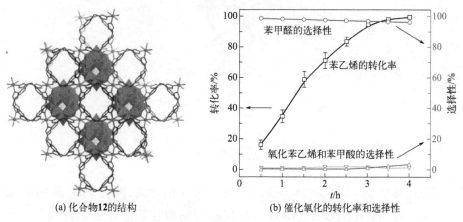

(a) 化合物**12**的结构　　　(b) 催化氧化的转化率和选择性

图 4-15　化合物 **12** 的结构和催化苯乙烯氧化的转化率和选择性

4.3　催化环氧化性能

环氧化合物是精细化工中重要的中间体，而环氧化反应中催化剂的使用是至关重要的。多酸基功能材料因其独特的酸性和氧化还原特性，被视为是一类良好的催化剂，已经得到了广泛的报道和研究。

4.3.1　叠氮与炔的环加成

Mizuno 等人研究了一种两个铜金属离子取代的 γ-Keggin 硅钨酸盐 $TBA_4[\gamma-H_2SiW_{10}O_{36}Cu_2(\mu-1,1-N_3)_2]$（TBA 代表四丁基铵）的催化性能[18]。结果表明，化合物可作为有机叠氮化物与炔烃环加成反应的高效催化剂，如苄基叠氮与苯乙炔反应，生成 1,2,3-三唑衍生物（图 4-16）。在无溶剂条件下，该催化剂甚至能够实现这个环加成反应的大规模化。当原料用量为 100mmol 时，以化合物为催化剂，最终可以得到 21.5g 分析纯三唑产物，翻转频率和翻转次数分别可达到 $14800h^{-1}$ 和 91500，是当时已报道中最高的。另外，催化剂还可以用于氯化苄、叠氮化钠、苯乙炔一锅法合成 1-苄基-4-苯基-1H-1,2,3-三唑反应。催化效应、动力学等研究结果表明，催化剂中的还原型双核铜在 1,3-偶极环加成反应中起着重要的催化作用。

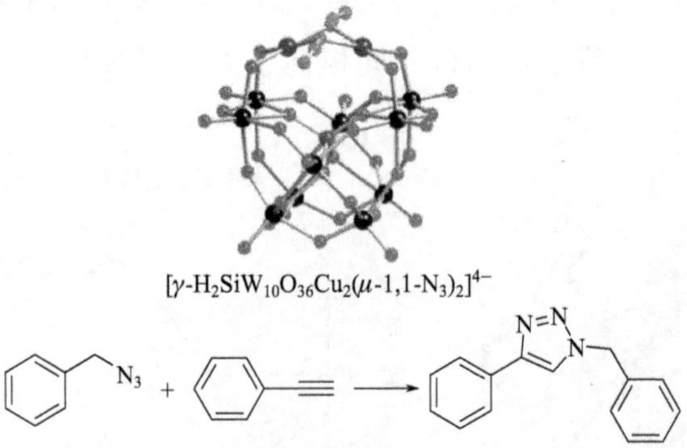

$[\gamma\text{-}H_2SiW_{10}O_{36}Cu_2(\mu\text{-}1,1\text{-}N_3)_2]^{4-}$

图 4-16　催化剂的结构和催化反应模型

Chae 等人将尺寸为 $10\sim30nm$ 的 Cu_2O 纳米颗粒负载在多钼酸盐 $(NH_4)_{12}[Mo_{36}(NO)_4O_{108}(H_2O)_{16}](\{Mo_{36}\})$ 的极性孔表面上，得到了一种复合材料[19]。在结构的形成中，$\{Mo_{36}\}$ 既作为载体又作为还原剂。这种策略在保留了多钼酸盐 $\{Mo_{36}\}$ 的原始结构的同时，还能够提高 Cu_2O 纳米颗粒的稳定作用和分散性，从而提高材料的催化活性（图 4-17）。催化性能研究发现，在叠氮和炔化物反应生成 1,2,3-三唑衍生物的环加成合成中，材料表现出高效的催化性能，同时具有良好的回收性。对于苯乙炔和苄基叠氮的[3＋2]环加成反应，催化剂的用量为 5％（摩尔分数）时，产物 1-苄基-4-苯基-1,2,3-三唑的产率可以达到 97％。

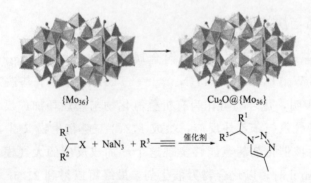

$\{Mo_{36}\}$ $\qquad$ $Cu_2O@\{Mo_{36}\}$

图 4-17　催化剂的结构和催化反应模型

马建方课题组将 $[SiW_{12}O_{40}]^{4-}$ 多酸阴离子与轮状间苯二酚 [4] 芳烃基配体（L）结合，在溶剂热条件下合成了一种新型高稳定性铜（Ⅰ）基金属-有机框架 $[Cu_4^I(SiW_{12}O_{40})(L)]\cdot6H_2O\cdot2DMF$[20]。结构分析表明，化合物是一个三维的超分子结构，L 配体将相邻的 Cu（Ⅰ）离子连接成为二维层，进一步通过 π…π 相互作用形成一个迷人的三维超分子结构，$[SiW_{12}O_{40}]^{4-}$ 多酸阴离子填充在层与层之间（图 4-18）。在有机溶剂或 pH 为 2～14 的水溶液中，化合物能够表现出令人满意的结构稳定性。催化性能研究结果发现，化合物对叠氮化物-炔环加成反应具有很好的催化活性。以甲醇为溶剂，在最优的反应条件下，8h 后底物的转化率可达到 96％，12h 后的转化率可高达 99％，而且几次循环催化后也不失活性，说明化合物具有很好的催化性能和稳定性。

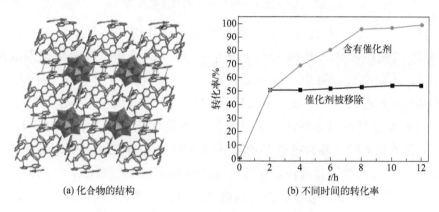

(a) 化合物的结构　　　　(b) 不同时间的转化率

图 4-18　催化剂的结构和反应在不同时间的转化率

4.3.2　烯烃环氧化

段春迎等人制备两种分别以 L-叔丁基羰基-2-(咪唑)-1-吡咯烷和 D-叔丁基羰基-2-(咪唑)-1-吡咯烷为手性有机催化剂，以 NH₂-联吡啶（NH₂-BPY）为配体，多酸为氧化催化剂的多酸基金属-有机框架对映异构体 ZnW-PYI1 和 ZnW-PYI2，并将其用于催化二氧化碳转化为对映异构的纯环碳酸盐反应[21]。催化性能研究表明，在一锅法的反应体系中，以 ZnW-PYI1 为催化剂，50℃的情况下便能实现苯乙烯的不对称环氧化，而且进一步与 CO_2 发生不对称偶联反应，最终生成碳酸苯乙烯酯，产率高达 92％。机理研究表明，催化剂拥有多个催化活性位点，并且在框架内部有序分布，空间上恰好相互匹配。捕获的 CO_2 分子能够被吡咯烷基和氨基协同固定和活化，进一步与多酸中端位 W＝O 活化的环氧化中间体匹配，以不对称的方式同时完成串联催化过程（图 4-19）。

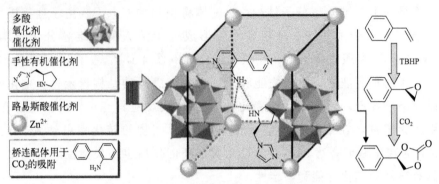

图 4-19　催化剂的合成过程和催化反应

于吉红等人将 Keggin 型钼磷酸（PMA）或钼磷酸钴封装在 2,2′-联吡啶-5,5′-二羧酸配体构筑的 UiO-bpy 中，或 4,4′-联苯二羧酸配体形成的 UiO-67 金属-有机框架中，得到了一系列基于多酸的复合材料 CoPMA@UiO-bpy、PMA@UiO-bpy、CoPMA@UiO-67 和 PMA@UiO-67[22]，研究了这些复合材料对烯烃的环氧化反应的催化性能。结果表明，以 H_2O_2 或 O_2 为氧化剂时，复合材料 CoPMA@UiO-bpy 对苯乙烯和环辛烯的环氧化表现出了出色的催化活性，选择性可达到 99% 以上，转化率为 91%（图 4-20），并具有良好的稳定性和可回收性。另外，在无溶剂条件下，以 O_2 为氧化剂，叔丁基过氧化氢为引发剂，催化剂对烯烃的环氧化反应也具有很好的催化活性。材料 CoPMA@UiO-bpy 的优异催化性能主要归因于多酸能够均匀分布在框架中与其尺寸匹配的孔内，以及 CoPMA 多酸与 UiO-bpy 框架中官能团之间的多重相互作用。

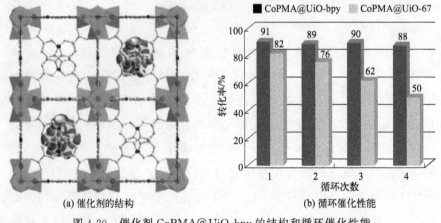

(a) 催化剂的结构　　　　　　　(b) 循环催化性能

图 4-20　催化剂 CoPMA@UiO-bpy 的结构和循环催化性能

王军等人报道了一种以 Fe_3O_4 为芯，十二烷基伯胺修饰的含有多金属氧盐的聚离子液体为外壳的双亲性复合催化剂 Fe@PILPW-AM，并研究了材料对烯烃环氧化反应的催化性能[23]。性质研究得出，以过氧化氢为氧化剂，Fe@PILPW-AM 对烯烃的环氧化反应具有较高的催化活性和选择性，如在柠檬烯的催化环氧化反应中，转化率为 97%，选择性为 98%，催化性能优于已报道的同类催化剂。同时，结构中的 Fe_3O_4 磁芯使催化剂很容易通过外部磁铁方便地分离，易回收和再利用。经分析得知，催化剂可以为基于 H_2O_2 的生物烯烃环氧化反应提供一个独特的界面双亲性微环境，从而加速液体-固体介质中的传质。催化剂独特的双亲性结构，以及氨基与杂多阴离子之间的分子内电荷转移，是催化剂在环氧化反应中具有优异催化活性的主要原因。

4.3.3　香茅醛的环氧化

Gusevskaya 研究发现，$H_3PW_{12}O_{40}$（PW）多酸负载的 SiO_2 材料是一种高效、环保的固体酸催化剂，可用于（+）-香草醛的液相环化反应[24]。催化反应在 15～40℃ 的环己烷溶液中进行时，主要产物为（-）-异蒲勒醇和（+）-新异长叶薄荷醇，转化率为 95%～100%，总选择性几乎为 100%，产物（-）-异蒲勒醇的选择性可达到 80%。另外，经过回收并多次进行催化反应后，催化剂依然保持良好的结构和催化活性。

Mizuno 使用 $[\gamma\text{-}SiW_{10}O_{36}]^{8-}$（$SiW_{10}$）和 $Al(NO_3)_3$ 为主要原料，在酸性条件下反应，合成了一种新型铝取代的硅钨酸四丁基铵盐 $TBA_3H[\gamma\text{-}SiW_{10}O_{36}\{Al(OH_2)\}_2(\mu\text{-}OH)_2]\cdot 4H_2O$[25]。化合物的结构在水溶液中是很稳定的。结构研究发现，化合物结构中有两个 Lewis 酸位点和一个 Brønsted 酸位点，也暗示该化合物具有潜在的催化活性。催化性能研究表明，化合物对香茅醛衍生物的分子内环化具有较高的催化活性，并且不会因醚化和脱水而产生副产物，如（+）-香茅醛和 3-甲基香茅醛。在 3-甲基香茅醛的分子内环化反应中，反式异构体产物的产率和转化率均可达 99% 以上（图 4-21），

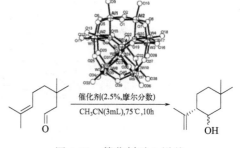

图 4-21　催化剂对 3-甲基香茅醛的催化环化反应

是当时已报道体系中最高的。化合物的催化活性主要来源于结构中的 Lew-is 酸活性位点。

4.4 催化其他有机反应

除以上论述的有机反应外，多酸还能够在其他一些常见的有机反应中表现出良好的催化活性，并且显示出一定的应用性。

4.4.1 酯化反应

考虑到 Ta_2O_5 优异的物理化学性质和酸性特性，以及 Ta^{5+} 和 W^{6+} 电负性、离子半径的良好匹配性，或可加强 Keggin 型多酸 $H_3PW_{12}O_{40}$ 与 Ta_2O_5 载体之间的相互作用，从而提高催化剂的稳定性，郭伊荇等人采用溶胶-凝胶-水热法制备了 $H_3PW_{12}O_{40}$ 负载的、具有介孔结构的 $H_3PW_{12}O_{40}/Ta_2O_5$ 复合材料，并调查了材料在脂肪酸酯化反应中的催化性能[26]。催化性能研究表明，在月桂酸乙酯的合成反应中，原料乙醇和月桂酸的摩尔比为 9 : 1 时，$H_3PW_{12}O_{40}/Ta_2O_5$-10.8 表现出最好的催化活性（图 4-22），同时具有较高的选择性和稳定性。结果表明 Ta_2O_5 担载 $H_3PW_{12}O_{40}$ 的合成策略是可行的。尽管 $H_3PW_{12}O_{40}$ 也能表现出良好的催化活性，但是却存在着催化剂难以分离的缺点。$H_3PW_{12}O_{40}$ 和 Ta_2O_5 固有的酸催化性能、复合材料独特的表面结构以及乙醇与月桂酸合适的摩尔比是 $H_3PW_{12}O_{40}/Ta_2O_5$ 具有优异酸催化性能的主要因素。

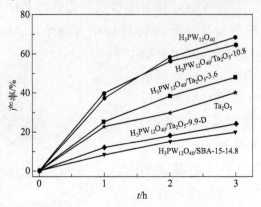

图 4-22　负载量对催化性能的影响

在低温常压下，Samy El-Shall 利用硝酸铁、均苯三甲酸和 12-磷钨杂多酸（HPW）合成了一种杂化物材料 HPW@MIL-100(Fe)[27]，并将其作为酯化反应的多相催化剂（图 4-23）。结构分析表明，HPW 分子以非配位客体被包裹在 MIL-100(Fe) 框架的介孔笼中，保持了 HPW 质子酸性的完整性。催化性能研究表明，HPW@MIL-100(Fe) 在酯化反应中表现出较高的催化活性和重复使用性，在多次重复使用过程中没有出现团聚、流失或失活现象。另外，在苯甲醛和乙醇的缩醛化反应中，HPW@MIL-100(Fe) 也表现出优异的催化性能。MIL-100(Fe) 的独特结构特征和 HPW 分子在 MIL-100(Fe) 介孔笼中的良好分散性，可能是催化剂 HPW@MIL-100(Fe) 具有较高的催化活性和可回收性的主要原因。

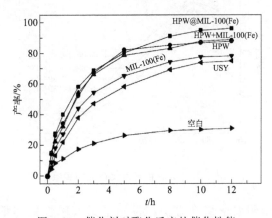

图 4-23　催化剂对酯化反应的催化性能

匡勤等人利用一种简便的自牺牲模板法，制备了一种金属/酸双功能新型加氢-酯化串联催化剂 PtNi@MOF-74-POM[28]。在 PtNi@MOF-74-POM 的结构中，MOF 空腔作为串联反应器，包裹在 MOF 材料内的 PtNi 合金位点作为加氢活性位点，嵌在 MOF 空腔内的固体磷钨酸提供酯化催化活性位点。催化性能研究发现，以硝基苯甲酸和乙醇为反应物的一锅法合成过程中，材料 PtNi@MOF-74-POM 表现出优异的催化性能，反应的转化率几乎是 100%，对目标产物的选择性高达 81.4%。催化剂活性较高的原因在于结构中金属位点和酸位点的协同催化作用。另外，这种多功能催化剂也适用于其他系列化合物的串联合成，包括加氢和酯化反应。

4.4.2　烷基化反应

Murugesan 在制备介孔二氧化硅分子筛（SBA-15）的基础上，通过浸渍法将不同量的磷钨酸（HPW）负载在 SBA-15 上，得到一系列 PW/SBA-15 复合材料，考察了这些材料在苯酚叔丁化反应中的催化活性[29]。结果表明，较大的孔体积和较高的比表面积 SBA-15，完全可以容纳离散的 HPW 分子，HPW 的 Keggin 结构和催化中心仍被完美保留。性能研究表明，以叔丁醇为烷基化剂，在苯酚气相叔丁化反应中，30％磷钨酸负载的 SBA-15 在最佳条件下表现出最优的催化活性（图 4-24），且选择性较高，苯酚转化率的 70％，主要催化产物为 4-叔丁基苯酚。机理分析表明，PW/SBA-15 的催化活性主要来源于结构中 HPW 的 Brønsted 酸性。

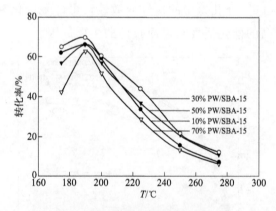

图 4-24　负载量对催化性能的影响

Kowsari 采用阴离子交换方法，得到了具有磁性的多酸负载型离子液体纳米复合材料 NPs-Fe$_3$O$_4$@SiO$_2$@[PrMIM]PW（MSPW），并将其作为一种可回收的催化剂，用于胺的 N-烷基化反应的催化过程[30]。催化性能研究表明，在苯胺、4-氨基苯磺酰胺、4-甲氧基苯胺、2-氨基嘧啶和 4,5,6,7-四氢苯并[d]噻唑-2,6-二胺等胺类化合物的 N-烷基化反应中（图 4-25），材料 MSPW 具有较高的催化活性。尤其是在苯胺的 N-烷基化反应中，以乙腈为溶剂，温度为 50℃，反应时间为 1h，产率可达到 95％。MSPW 催化剂的优点在于反应结束后，在外加磁场的作用下，便可以很容易地从反应混合物中分离出来，极大地促进了催化剂的回收和循环利用。

4.4.3　缩合反应

Gascon 等人将多酸 H$_3$PW$_{12}$O$_{40}$（HPW）与金属-有机框架 MIL-101（Cr）的合成体系相结合，制得了一种新的封装有多酸的复合材料，并研究

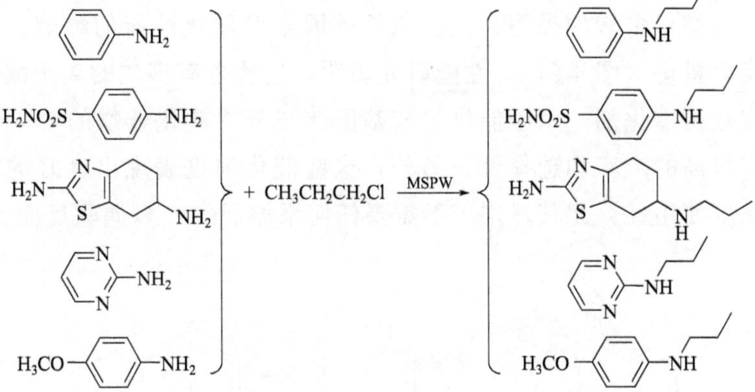

图 4-25　催化剂对胺类化合物的 N-烷基化催化反应

了其对苯甲醛与氰乙酸乙酯的 Knoevenagel 缩合反应的催化活性[31]。结果发现，在材料的结构中，多酸 HPW 中的部分 W^{6+} 被 Cr^{3+} 取代，生成了缺位多酸，并展示了优异的催化活性（图 4-26）。MIL-101（Cr）的中型空腔被比其五边形窗口更大的多酸 HPW 占据，且非常稳定。催化性能表明，在 313K 条件下，以甲苯、DMF 或乙醇的为溶剂时，催化剂在苯甲醛与氰乙酸乙酯的 Knoevenagel 缩合反应中表现出当时报道中最高的催化活性，产率均在 90% 以上，TOF 值超过了 $600h^{-1}$。

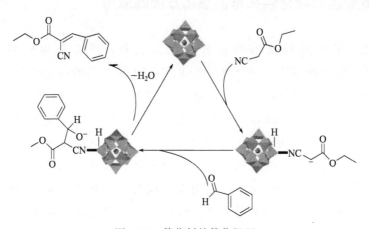

图 4-26　催化剂的催化机理

　　Rafiee 等人将磺酸基功能化的离子液体（QBs-ILs）与不同的 Keggin型多酸相结合，包括 H_3PMoO_{40}、H_3PWO_{40} 和 H_4SiWO_{40}，制备了一系列基于多酸的新型离子液体 PhPyBs-PW、PyBs-PW、QBs-PW 和 QBs-

SiW[32]，并进一步研究了这些材料在偶联反应中的催化性能，考察了有机阳离子的种类、多酸的类型、反应条件等因素对催化性能的影响，阐述了相应的反应机理（图 4-27）。性能研究表明，这些含有多酸的离子液体均可以作为有效的催化剂，用于催化二苯基甲醇与芳香族化合物的 C-C 偶联反应，且有很高的产率和选择性。另外，这些催化剂也表现出良好的结构稳定性和重复使用性，尤其适用于不需要任何添加剂的 C-C 偶联反应。

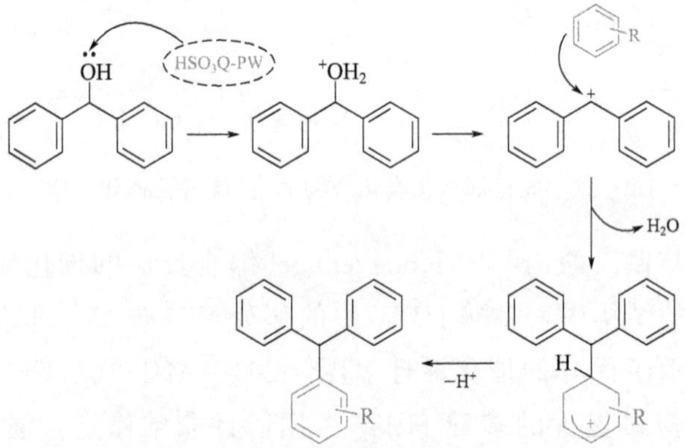

图 4-27　C-C 偶联反应的催化机理

4.5　多酸基功能材料在有机催化方面的应用

总之，多酸基金属-有机框架或复合材料，通常能够表现出多酸Brønsted 酸的优秀特征。与金属-有机框架或其他材料的有效结合，不仅能够保留原有多酸的性能，还能引入金属-有机框架或材料的优势，发挥协同催化的作用；或增强多酸母体的稳定性，提高材料的催化性能和循环使用性能；或从均相到非均相催化的改变，实现催化剂的有效回收再利用。研究发现，这些催化剂在催化氧化、催化环氧化、酯化、烷基化、缩合、不对称催化等众多有机化学反应中，均能表现出令人满意的催化活性，而且选择性、转化率以及重复使用性都比较突出，具有重要的应用前景和经济价值。

参考文献

[1] Liu X D, Xu N, Liu X H, et al. Self-assembly of a novel multicomponent polyoxometalate-based tetrahedral supercluster with high catalytic activity for thioether oxidation[J].

Chem Commun，2022，58(87)：12236-12239.

［2］ Liu J L，Shi W X. Wang X. ZnO-POM Cluster Sub-1nm Nanosheets as Robust Catalysts for the Oxidation of Thioethers at Room Temperature［J］. J Am Chem Soc，2021，143 (39)：16217-16225.

［3］ Wang X，Zhang T，Li Y，et al. In Situ Ligand-Transformation-Involved Synthesis of Inorganic-Organic Hybrid Polyoxovanadates as Efficient Heterogeneous Catalysts for the Selective Oxidation of Sulfides［J］. Inorg Chem，2020，59(23)：17583-17590.

［4］ Buru C T，Li P，Mehdi B L，et al. Adsorption of a Catalytically Accessible Polyoxometalate in a Mesoporous Channel-type Metal-Organic Framework［J］. Chem Mater，2017，29 (12)：5174-5181.

［5］ Sun J W，Yan P F，An G H，et al. Immobilization of Polyoxometalate in the Metal-Organic Framework rht-MOF-1：Towards a Highly Effective Heterogeneous Catalyst and Dye Scavenger［J］. Sci Rep，2016，6(1)：25595.

［6］ Zou C，Zhang Z J，Xu X，et al. A Multifunctional Organic-Inorganic Hybrid Structure Based on Mn^{III}-Porphyrin and Polyoxometalate as a Highly Effective Dye Scavenger and Heterogenous Catalyst［J］. J Am Chem Soc，2012，134(1)：87-90.

［7］ Xu B J，Xu Q，Wang Q Z，et al. A Copper-Containing Polyoxometalate-Based Metal-Organic Framework as an Efficient Catalyst for Selective Catalytic Oxidation of Alkylbenzenes［J］. Inorg Chem，2021，60(7)：4792-4799.

［8］ Arichi J，Eternot M，Louis B. Synthesis of V-containing Keggin polyoxometalates：Versatile catalysts for the synthesis of fine chemicals? ［J］. Catal Today，2008，138(1)：117-122.

［9］ Du Z Y，Yu Y Z，Hong Y L，et al. Polyoxometalate-Based Metal-Organic Frameworks with Unique High-Nuclearity Water Clusters［J］. ACS Appl Mater Interfaces，2020，12 (51)：57174-57181.

［10］ Leng Y，Liu J，Jiang P P，et al. Organometallic-polyoxometalate hybrid based on V-Schiff base and phosphovanadomolybdate as a highly effective heterogenous catalyst for hydroxylation of benzene［J］. Chem Eng J，2014，239：1-7.

［11］ Cai X C，Wang Q，Liu Y Q，et al. Hybrid of Polyoxometalate-Based Ionic Salt and N-Doped Carbon toward Reductant-Free Aerobic Hydroxylation of Benzene to Phenol［J］. ACS Sustainable Chem Eng，2016，4(9)：4986-4996.

［12］ Ivanchikova I D，Maksimchuk N V，Maksimovskaya R I，et al. Highly Selective Oxidation of Alkylphenols to p-Benzoquinones with Aqueous Hydrogen Peroxide Catalyzed by Divanadium-Substituted Polyoxotungstates［J］. ACS Catal，2014，4(8)：2706-2713.

［13］ Evtushok V Y，Suboch A N，Podyacheva O Y，et al. Highly Efficient Catalysts Based on Divanadium-Substituted Polyoxometalate and N-Doped Carbon Nanotubes for Selective Oxidation of Alkylphenols[J]. ACS Catal, 2018, 8(2): 1297-1307.

[14] Chang S Z, Chen Y H, An H Y, et al. Highly Efficient Synthesis of p-Benzoquinones Catalyzed by Robust Two-Dimensional POM-Based Coordination Polymers[J]. ACS Appl Mater Interfaces, 2021, 13(18): 21261-21271.

[15] Tang J, Yang X L, Zhang X W, et al. A functionalized polyoxometalate solid for selective oxidation of styrene to benzaldehyde[J]. Dalton Trans, 2010, 39(14): 3396-3399.

[16] Cui W J, Zhang S M, Ma Y Y, et al. Polyoxometalate-Incorporated Metal-Organic Network as a Heterogeneous Catalyst for Selective Oxidation of Aryl Alkenes[J]. Inorg Chem, 2022, 61(25): 9421-9432.

[17] Ma Y Y, Peng H Y, Liu J N, et al. Polyoxometalate-Based Metal-Organic Frameworks for Selective Oxidation of Aryl Alkenes to Aldehydes[J]. Inorg Chem, 2018, 57(7): 4109-4116.

[18] Kamata K, Nakagawa Y, Yamaguchi K, et al. 1,3-Dipolar Cycloaddition of Organic Azides to Alkynes by a Dicopper-Substituted Silicotungstate[J]. J Am Chem Soc, 2008, 130(46): 15304-15310.

[19] Amini M, Naslhajian H, F. Farnia S M, et al. Polyoxomolybdate-stabilized Cu_2O nanoparticles as an efficient catalyst for the azide-alkyne cycloaddition[J]. New J Chem, 2016, 40(6): 5313-5317.

[20] Lu B B, Yang J, Che G B, et al. Highly Stable Copper(I)-Based Metal-Organic Framework Assembled with Resorcin[4]arene and Polyoxometalate for Efficient Heterogeneous Catalysis of Azide-Alkyne "Click" Reaction[J]. ACS Appl Mater Interfaces, 2018, 10(3): 2628-2636.

[21] Han Q X, Qi B, Ren W M, et al. Polyoxometalate-based homochiral metal-organic frameworks for tandem asymmetric transformation of cyclic carbonates from olefins[J]. Nat Commun, 2015, 6(1): 10007.

[22] Song X J, Hu D W, Yang X T, et al. Polyoxomolybdic Cobalt Encapsulated within Zr-Based Metal-Organic Frameworks as Efficient Heterogeneous Catalysts for Olefins Epoxidation[J]. ACS Sustainable Chem Eng, 2019, 7(3): 3624-3631.

[23] Leng Y, Zhao J W, Jiang P P, et al. Amphiphilic Polyoxometalate-Paired Polymer Coated Fe_3O_4: Magnetically Recyclable Catalyst for Epoxidation of Bio-Derived Olefins with H_2O_2[J]. ACS Appl Mater Interfaces, 2014, 6(8): 5947-5954.

[24] da Silva K A, Robles-Dutenhefner P A, Sousa E M B, et al. Cyclization of (+)-citronellal to (−)-isopulegol catalyzed by $H_3PW_{12}O_{40}/SiO_2$[J]. Catal Commun, 2004, 5(8): 425-429.

[25] Kikukawa Y, Yamaguchi S, Nakagawa Y, et al. Synthesis of a Dialuminum-Substituted Silicotungstate and the Diastereoselective Cyclization of Citronellal Derivatives[J]. J Am

Chem Soc，2008，130(47)：15872-15878.

[26] Xu L L，Yang X，Yu X D，et al. Preparation of mesoporous polyoxometalate-tantalum pentoxide composite catalyst for efficient esterification of fatty acid[J]. Catal Commun，2008，9(7)：1607-1611.

[27] Zhang F M，Jin Y，Shi J，et al. Polyoxometalates confined in the mesoporous cages of metal-organic framework MIL-100(Fe)：Efficient heterogeneous catalysts for esterification and acetalization reactions[J]. Chem Eng J，2015，269：236-244.

[28] Chen L N，Zhang X B，Zhou J H，et al. A nano-reactor based on PtNi@metal-organic framework composites loaded with polyoxometalates for hydrogenation-esterification tandem reactions[J]. Nanoscale，2019，11(7)：3292-3299.

[29] Kumar G S，Vishnuvarthan M，Palanichamy M，et al. SBA-15 supported HPW：Effective catalytic performance in the alkylation of phenol[J]. J. Mol. Catal. A-Chem.，2006，260(1)：49-55.

[30] Ghasemi M H，Kowsari E. Convenient N-Alkylation of amines using an effective magnetically separable supported ionic liquid containing an anionic polyoxometalate[J]. Res Chem Intermed，2017，43(3)：1957-1968.

[31] Juan Alcañiz J，Ramos Fernandez E V，Lafont U，et al. Building MOF bottles around phosphotungstic acid ships：One-pot synthesis of bi-functional polyoxometalate-MIL-101 catalysts[J]. J Catal，2010，269(1)：229-241.

[32] Rafiee E，Mirnezami F，Kahrizi M. SO_3H-functionalized organic-inorganic ionic liquids based on polyoxometalates characterization and their application in C…C coupling reaction[J]. J Mol Struct，2016，1119：332-339.

第5章
多酸基功能材料的储能性能

5.1 引言

多酸重要的性质之一就是它们独特的电化学氧化还原行为。由于这些分子能够表现出多种氧化态和还原态的稳定性，并能参与快速可逆的电子转移反应，因此已成为储能材料的理想候选者。尤其是在氧化还原和电子转移特性方面，多酸与相关的过渡金属氧化物非常相似，使得它们在电池和电容器等储能材料的电极制备上，具有潜在的研究价值和应用价值。然而，考虑到多酸本身存在的一些缺点，研究人员开发了各种修饰和改性手段，从而得到了许多性能更为优异的多酸基储能材料。一方面，为了得到具有优异物理和化学稳定性的高导电性材料，碳材料已成为多酸改性储能电极最有效的基质。碳材料因其良好的导电性和高比表面积而被广泛用于储能，包括活性炭、炭黑、碳纳米管和石墨烯等。这些材料对多酸不仅能表现出很强的亲和力，而且还具有普遍的通用性。另一个方面，为了增加多酸的结构稳定性和提高材料的比表面积，多酸和金属-有机框架结合也是一种非常有效的手段。另外，导电有机聚合物除了具有聚合物材料的低成本、重量轻和良好的可加工性等优点外，也能表现出高导电性。因此，将导电有机聚合物与多酸有效结合也得到了研究人员的认可和青睐。基于以上思路，研究人员在多酸基功能材料应用于电池和电化学电容器等储能材料的研究领域开展了广泛的研究，已经取得了丰富的研究成果。

5.2 电池电极材料的性能

能源储存目前已成为研究人员广泛关注的研究课题，尤其是电池、电容器等。多酸凭借着自身可逆的氧化还原过程，使其本身或衍生物被视为潜在的储能材料，已经得到了广泛的报道[1]。

5.2.1　锂离子电池材料的性能

为了考察多酸在电池电极材料的潜在性，Cronin 等人研究了钒多酸 $Li_7[V_{15}O_{36}(CO_3)]$ 作为锂离子电池电极材料的性能[2]。结果表明，该多酸在进行多电子还原时，本身的簇结构依然可以保持不变，并具有快速锂离子扩散和良好的电子导电性，其比容量为 $250mA \cdot h \cdot g^{-1}$（图 5-1），能量和功率密度分别为 $1.5kW \cdot h \cdot L^{-1}$ 和 $55kW \cdot L^{-1}$，表明多酸 $Li_7[V_{15}O_{36}(CO_3)]$ 确实具备作为未来具有高能量和功率密度的锂离子可充电电池正极材料的潜力。这为锂离子电池电极材料的开发开辟了新的途径，同时也为多酸的应用拓展了可能的空间。

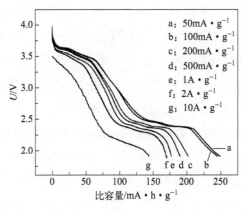

图 5-1　$Li_7[V_{15}O_{36}(CO_3)]$ 的放电曲线

另外，研究发现，Keplerate 型的 $[\{Mo_6O_{19}\}_3\{Mo_{72}Fe_{30}O_{254}(CH_3COO)_{12}(H_2O)_{96}\}] \cdot 150H_2O(\{Mo_{72}Fe_{30}\})$ 多酸纳米粒子也具备作为高性能锂离子阳极电极材料的潜力[3]。研究得知，以 $\{Mo_{72}Fe_{30}\}$ 为锂离子电池电极材料时，其展现了 $1250mA \cdot h \cdot g^{-1}$（电流密度为 $100mA \cdot g^{-1}$）的比较高的容量密度（图 5-2），经过 100 次充放电后容量仍然能够保留原来的 92%，同时也表现出 $868mA \cdot h \cdot g^{-1}$（$2000mA \cdot g^{-1}$）的优异的倍率性能。电荷储存机理揭示，锂离子通过表面电容反应和扩散过程与 $\{Mo_{72}Fe_{30}\}$ 多酸反应，锂离子扩散系数为 $10^{-10}cm^2 \cdot s^{-1}$，从而产生优异的倍率性能。另外，$\{Mo_{72}Fe_{30}\}$ 多酸与 $LiFePO_4$ 组成的全电池，能够拥有 $258W \cdot h \cdot kg^{-1}$ 的高能

量密度，进一步证实了 $\{Mo_{72}Fe_{30}\}$ 可以作为锂离子电池负极材料的可能性。

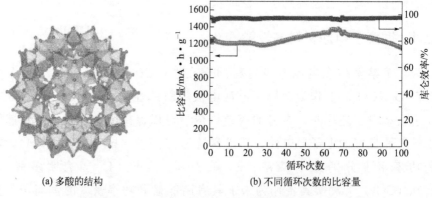

(a) 多酸的结构　　　　(b) 不同循环次数的比容量

图 5-2 　$\{Mo_{72}Fe_{30}\}$ 的结构和不同循环次数的比容量

多酸与金属-有机框架的结合也是开发多酸基锂离子电池电极材料的一个有效手段。如由三(4-吡啶基)三嗪（TPT）配体构筑的 ε-Keggin 型多酸基框架 $[PMo_8^{V}Mo_4^{VI}O_{37}(OH)_3Zn_4][TPT]_5 \cdot 2TPT \cdot 2H_2O(NNU\text{-}11)$ 作为锂离子电池的电极材料时，展现出了优异的性能[4]。结构分析表明，含有四个锌帽的 Zn-ε-keggin 多酸由 TPT 配体通过配位键作用，连接成为一个二维的层状结构。这些层之间通过 π…π 堆积作用，形成了三维的框架结构。NNU-11 不仅能够在不同的溶剂中表现出良好的结构稳定性，而且在较宽 pH 范围内（1~11）也是稳定的。性能研究发现，经过 200 次循环后，NNU-11 依然能够表现出较高的可逆容量，其值为 $750mA \cdot h \cdot g^{-1}$（电流密度为 $50mA \cdot g^{-1}$）（图 5-3），而且具有优异的循环稳定性和倍率性能，结构中的分子间 π…π 作用有利于提高材料的性能。

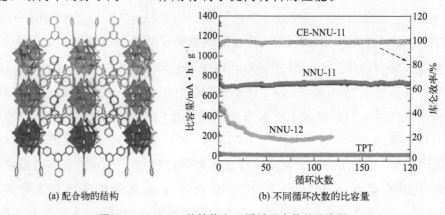

(a) 配合物的结构　　　　(b) 不同循环次数的比容量

图 5-3 　NNU-11 的结构和不同循环次数的比容量

为了解决多酸作为电极材料时的导电性能差、易溶解等缺点，研究人员试图将多酸或多酸基金属-有机框架与导电材料相结合，如碳布、聚吡咯（PPy）、碳纳米管、碳纤维等[5-6]，从而提高这些材料的性能。例如，王霞等人首先利用有机配体 1,10-邻菲啰啉（1,10-phen）合成了多酸基金属-有机框架 $[Cu(1,10-phen)(H_2O)_2]_2[Mo_6O_{20}]$（Cu-POMOF），然后将其与聚吡咯（PPy）结合，从而得到一种新的复合材料 Cu-POMOF@PPy（图 5-4）[7]。多酸与框架的结合，有利于提高多酸母体的稳定性，同时也避免其在电解质中发生溶解的缺点；聚吡咯的引入不仅可以提高材料的导电性能，还有利于提升材料的容量，而且也能够限制 Cu-POMOF 在循环过程中的体积变化。性能研究结果表明，Cu-POMOF@PPy 作为锂离子电池电极材料时，160 次循环后的比容量约为 $769mA \cdot h \cdot g^{-1}$（电流密度为 $0.1A \cdot g^{-1}$），并具有良好的倍率性能和循环稳定性，500 次循环后的比容量为 $319mA \cdot h \cdot g^{-1}$（$2A \cdot g^{-1}$）。机理研究证实，材料 Cu-POMOF@PPy 的电子存储是由结构中 Mo 原子（$Mo^{6+} \leftrightarrow Mo^{4+}$）和 Cu 原子（$Cu^{2+} \leftrightarrow Cu^0$）的氧化还原过程所引起的。

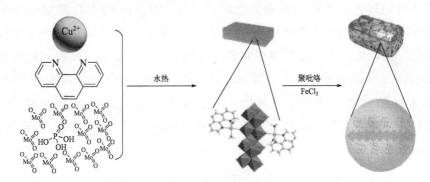

图 5-4　Cu-POMOF@PPy 的制备过程

5.2.2　钠离子电池材料的性能

多酸具有可逆的多电子氧化还原特性和较高的离子电导率，在钠离子电池电极材料方面具有很大的应用潜力。2015 年，Srinivasan 等人研究了多酸 $Na_6[V_{10}O_{28}] \cdot 16H_2O$ 作为钠离子电池电极材料的性能[8]。恒流测试结果显示，其可逆比容量约为 $276mA \cdot h \cdot g^{-1}$（$20mA \cdot g^{-1}$）（图 5-5），平均放电电位为 0.4V，并且具有较高的循环稳定性，说明该材料具备作为性能良好的钠离子电池负极材料的潜力。机理研究表明，Na^+ 位于 $[V_{10}O_{28}]^{6-}$

之间，而不是插入其晶体结构中。材料的电子存储是由结构中 V 原子的氧化还原过程 $(V^V \leftrightarrow V^{IV})$ 所引起的。

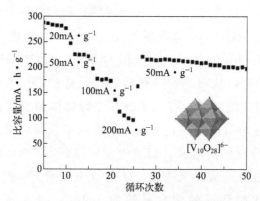

图 5-5　$Na_6 [V_{10}O_{28}] \cdot 16H_2O$ 作为电极材料的倍率性能和稳定性

宋宇飞等人将多酸 $[PMo_{12}O_{40}]^{3-}$（PMo_{12}）封装在一系列金属-有机框架中，包括 MIL-101，MIL-53 和 MIL-88B，进一步与氧化石墨烯（GO）结合以提高纳米颗粒的分散性，从而得到三种多酸基复合材料，并研究了它们作为钠离子电池负极材料的性能[9]。与 MIL-101 的大孔隙结构不同，MIL-53 和 MIL-88B 的孔隙在 PMo_{12} 的调节下自发膨胀，表现出有趣的"呼吸效应"，从而为多酸提供更紧密的容纳空间（图 5-6）。性能研究发现，在 $2.0A \cdot g^{-1}$ 的电流密度下，复合材料 $PMo_{12}/MIL\text{-}88B/GO$ 在 600 次循环中仍具有最高的比容量，其值为 $214.2mA \cdot h \cdot g^{-1}$，容量保持率为 75.7%，初始库仑效率高达 51.0%。柔性框架的"呼吸效应"有效地调控了 PMo_{12} 的电子结构，降低了对 Na^+ 的吸附能，减少了钠储存的不可逆容量损失。另外，MIL-88B 中的多维通道显著加速了 Na^+ 的扩散，使其具有良好的能量动力学和表面控制能力，从而产生高倍率性能。

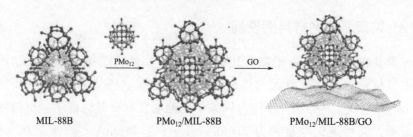

图 5-6　复合材料 $PMo_{12}/MIL\text{-}88B/GO$ 的合成过程

　　为了考察结构中主客体之间的相互作用对复合材料性能影响，揭示主体对客体电子结构的调控作用，研究人员将不同的 Keggin 型多酸 PMo_{12}、PW_{12}、SiW_{12} 分别与单壁碳纳米管（SWNT）相结合，得到了三种复合材料 $PMo_{12}@SWNT$，$PW_{12}@SWNT$ 和 $SiW_{12}@SWNT$（图 5-7）[10]。结果发现，结构中的电子转移不仅能够发生在多酸和 SWNT 之间，而且还发生在单个多酸分子内部。PMo_{12} 在 SWNTs 中包裹后，氧原子上的电荷分布发生了明显变化。其中，结构中桥氧原子上的电荷密度得到了显著提高。以 $PMo_{12}@SWNT$ 作为钠离子电池的正极材料，100 次循环后比容量可达到 $210mA \cdot h \cdot g^{-1}$（$750mA \cdot g^{-1}$），远高于当时报道的其他基于多酸的材料。结果表明，多酸与 SWNT 结合后，实现了结构和电子的调控，加快了电子和离子的传输能力，从而提高了其钠离子存储的电化学性能。

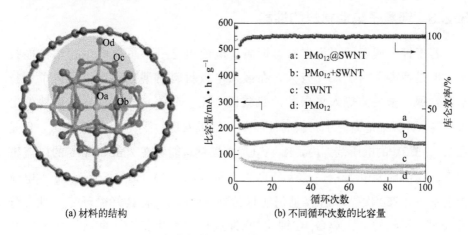

(a) 材料的结构　　　　　　　(b) 不同循环次数的比容量

图 5-7　复合材料 $PMo_{12}@SWNT$ 的合成过程

　　Hussain 等人成功地将十钒酸钠 $Na_6V_{10}O_{28}$（NaDV）封装在由锰离子和 1,3,5-苯三羧酸（BTC）构筑的金属-有机框架 Mn-BTC 中，得到了一种具有分层纳米结构的高容量正极材料[11]。NaDV 在 Mn-BTC 孔隙中的均匀分布，使 NaDV 具有多电子的氧化还原特性。框架 Mn-BTC 的三维扩散通道、高的表面积和柔性的结构，能够通过抑制团聚提供更快的离子扩散动力，确保材料 NaDV@Mn-BTC 具有比较高的嵌入能力。另外，框架 Mn-BTC 的使用不仅保障了 NaDV 多酸的稳定性，结构中的锰位点也参与了氧化还原过程，提高了材料的钠离子存储容量。性能研究结果证实，NaDV@Mn-BTC 正极材料表现出 $137mA \cdot h \cdot g^{-1}$ 的高可逆比容量（图 5-8）。

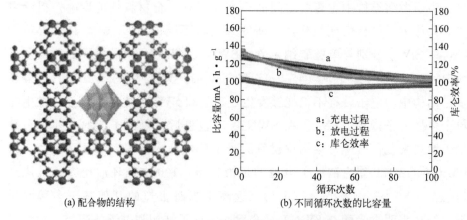

(a) 配合物的结构　　　　　　　(b) 不同循环次数的比容量

图 5-8　NaDV@Mn-BTC 的结构和不同循环次数的比容量

5.2.3　钾离子电池材料的性能

　　鉴于钾金属资源更为丰富，钾离子电池也是一种可期的电化学储能技术。但是钾离子由于尺寸较大，在嵌入电极材料时遇到困难，阻碍了该技术的发展。朱禹洁等人将层状的钒酸钾（$K_{0.5}V_2O_5$）作为钾离子电池的电极材料，并详细地研究了材料的性能[12]。结果发现，尽管 K^+ 体积很大，但是在 1.5～3.8V 的电压范围内，$K_{0.5}V_2O_5$ 电极材料能够在 20mA·g^{-1} 的电流密度下，提供约 90mA·h·g^{-1} 的可逆容量（图 5-9）。在 100mA·g^{-1} 电流密度下下，250 次循环后容量仍能保持在 81%，具有良好循环稳定性。分析表明，层状的 $K_{0.5}V_2O_5$ 在钾化/脱钾过程中发生了 V^{4+} 和 V^{5+} 之间的高度稳定和可逆的结构变化。

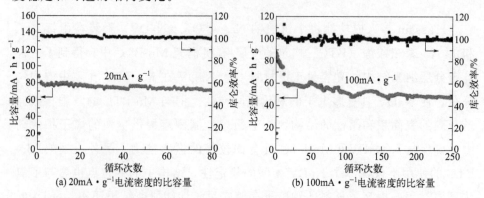

(a) 20mA·g^{-1}电流密度的比容量　　　　　(b) 100mA·g^{-1}电流密度的比容量

图 5-9　材料在不同电流密度的比容量

　　雷勇报道了一种可作为钾离子电池潜在正极材料的多钒酸盐 $NH_4V_4O_{10}$（NVO）[13]。材料 NVO 显示了一种花状的结构，层与层之间的距离为 9.8Å。当其作为钾离子电池的电极材料时，在 $50mA \cdot g^{-1}$ 的电流密度下，显示了 $136mA \cdot h \cdot g^{-1}$ 的比容量（图 5-10）；在 $1 \sim 3.8V$ 电压范围内，循环 200 次后，衰减率为 0.02%；在 $2 \sim 3.8 V$ 的电压范围内，200次循环后其容量仍能保持 94%。此外，该材料还能表现出显著的速率能力，在电流密度为 $3A \cdot g^{-1}$ 时，比容量为 $51mA \cdot h \cdot g^{-1}$，其值是 $0.1A \cdot g^{-1}$ 时比容量的 90%。电化学机理研究表明，K^+ 在材料 NVO 中的存储是一个拓扑取向过程，发生在 V^{4+} 和 V^{5+} 之间的氧化还原过程。

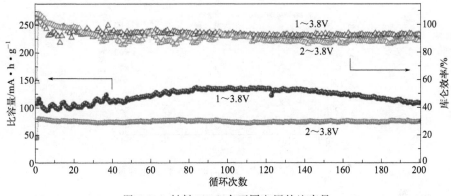

图 5-10　材料 NVO 在不同电压的比容量

　　鲁兵安等人通过报道了一种基于 PMo_{12} 多酸的纳米材料 $[(CH_3CH_2CH_2CH_2)_4N)_3PMo_{12}O_{40}]$（TBAPM），并研究了其作为钾离子电池电极材料的性能[14]。材料 TBAPM 由直径为 $60 \sim 100nm$ 的纳米颗粒堆积而成，呈相互连接的形貌。在作为电极材料时，材料的这种形貌有利于缩短 K^+ 的扩散距离，从而提高材料的电子输运效率。电化学性能研究表明，TBAPM 在作为钾离子电池电极材料时，在电流密度为 $20mA \cdot g^{-1}$ 时，显示了 $232mA \cdot h \cdot g^{-1}$ 的比容量，接近于理论的 $250mA \cdot h \cdot g^{-1}$ 比容量。机理研究发现，材料 TBAPM 对 K^+ 的高储存能力与结构中 Mo^{6+}/Mo^{4+} 氧化还原过程有关。

5.2.4　锌离子电池材料的性能

　　水系锌离子电池由于其低成本和环境友好的特点，近年来在储能体系中的应用引起了人们的广泛关注。然而，寻找合适的阴极材料仍然是主要的挑战。研究发现，多金属钒酸盐在作为锌离子电池电极材料方面具有潜在的应用。曹晓雨等人首先合成了 $K_2Zn_2V_{10}O_{28} \cdot 16H_2O$（KZVO-16）微米晶体，并对其进一步脱水得到 $K_2Zn_2V_{10}O_{28}$（KZVO），以提高材料的稳定性[15]。人们将其作为锌离子电池的电极材料，并组装成 KZVO/Zn 电池，研究了电化学性能。结果表明，电流密度为 $0.1\,A \cdot g^{-1}$ 时，比容量为 $223.4mA \cdot h \cdot g^{-1}$，50 次循环后的保留率为 97.6%（图 5-11），能量密度为 $182.9W \cdot h \cdot kg^{-1}$，功率密度为 $40.38W \cdot kg^{-1}$。即使在 $2A \cdot g^{-1}$ 的电流密度下循环 800 次，其比容量保持率也接近 100%，同时具有良好的循环性。

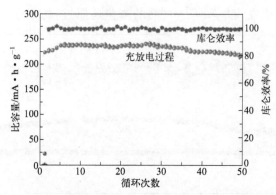

图 5-11　材料 KZVO 不同循环次数的比容量

颜军等人首次报道了一种具有双组分的多金属钒酸盐衍生物 $K_2[Ni(H_2O)_6]_2[V_{10}O_{28}]$（KNiVO），并调查了其作为水性锌离子电池正极材料的性能[16]。在这个双组分材料中，作为组分之一的层状的 KV_3O_8（KVO）构成了 Zn^{2+} 离子迁移和存储的通道，而第二组分的 NiV_3O_8（NiVO）则作为骨架起到稳定离子通道的作用。结果，由 KNiVO 组成的 Zn/KNiVO 电池，在电流密度为 $4A \cdot g^{-1}$ 时，表现出 $229.4mA \cdot h \cdot g^{-1}$ 的较高的比容量，并具有令人满意的循环性。在电流密度为 $4A \cdot g^{-1}$ 时，循环 4500 次后的比容量仍保持 99.1%。

在水系锌离子电池中，阴极溶解、电解质的副反应、锌枝晶等问题一直阻碍着其在实际中的应用。赵俊伟等人利用多金属钒酸盐 $K_{10}[V_{16}^{IV}V_{18}^{V}O_{82}]$（POV）作为锌离子电池的电极材料，试图解决如上问题（图 5-12)[17]。结果表明，POV 作为电极材料在 Zn-POV 电池中能够发挥三个作用：正极上部分可溶的 POV 经阳极氧化，原位转化为不溶的 $K_2V_6O_{16} \cdot 1.5H_2O$，形成电解质界面层，从而阻碍了正极材料的溶解现象；POV 不

仅可以通过占据 Zn^{2+}-$6H_2O$ 的外壳，调节 Zn^{2+} 的溶剂化结构，还可以捕获游离水，减少 H^+ 的生成，从而抑制电解质的副反应；POV-Zn 表面的高吸附能在抑制阳极寄生反应的发生方面起到重要的作用。性能研究结果表明，以 $K_{10}[V_{16}^{IV}V_{18}^{V}O_{82}]$ 为电极材料的 Zn-POV 电池，在 $5A \cdot g^{-1}$ 和 $12A \cdot g^{-1}$ 的高速率下表现出前所未有的循环耐久性，循环次数可超过 10000 次。

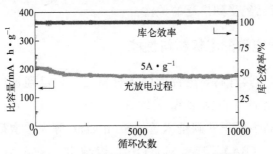

图 5-12　POV 材料在 Zn-POV 电池中的作用

赖超等人将 Anderson 型多酸 $(NH_4)_6[Mo_7O_{24}] \cdot 4H_2O(NMO)$ 作为电解质添加剂，从而抑制电极锌枝晶的形成[18]。结果发现，NMO 作为一种双功能添加剂可以显著地抑制锌枝晶的生长，有效提高电池的循环寿命。一方面，NMO 中的 $[Mo_7O_{24}]^{6-}$ 可与 Zn^{2+} 络合，在锌阳极表面生成锌膜，保证 Zn^{2+} 在锌阳极表面的均匀分布；另一方面，NMO 中的 NH_4^+ 起到改变电极表面电荷分布的作用，进而抑制锌枝晶的生长。性能研究表明，当向 $1mol \cdot L^{-1}$ 的 $ZnSO_4$ 电解质中加入 $6mmol \cdot L^{-1}$ 的 NMO 时，组成的对称电池在 $10mA \cdot cm^{-2}$ 电流密度下 500 次循环后，电池依然能够表现出优异的稳定性。另外，Zn/NVO 全电池也能够表现出良好的比容量保持能力，在 $5000mA \cdot g^{-1}$ 电流密度下循环 500 次后，依然能保持 60.8%（图 5-13）。

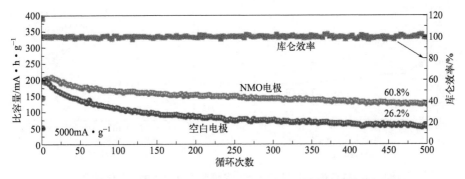

图 5-13　含有 NMO 添加剂时锌沉积的原理和不同循环次数的比容量

5.3 电容器电极材料的性能

超级电容器是一种介于传统电容器和电池之间的高功率密度器件，已成为许多领域的辅助储能系统[19]。多酸及其衍生物作为超级电容器电极材料的良好候选者已经受到广泛的关注。

5.3.1 基于导电碳的电极材料性能

碳纳米管作为具有高导电性能的碳材料之一，已经被广泛地用于电容器电极材料的制备，包括多壁碳纳米管（MWCNTs）、单壁碳纳米管（SWCNTs）和高表面积的碳纳米管。Srinivasan 等人首次研究了将单壁碳纳米管与多酸 $(TBA)_5[PV_2^V Mo_{10}^{VI} O_{40}]$ 相结合，采用简单的溶液法将 $[PV_2Mo_{10}O_{40}]^{5-}$ 阴离子与 TBA 阳离子通过静电作用吸附在 SWCNTs 上，合成了一种新型纳米杂化材料 SWCNTs-TBA-PV$_2$Mo$_{10}$，并研究了其作为超级电容器的电极材料的性能[20]。在这种纳米杂化材料中，TBA-PV$_2$Mo$_{10}$ 具有良好的氧化还原活性，结合 SWCNTs 的高导电性和高双层电容，从而提高了材料的能量和功率密度。性能研究表明，以 $1mol \cdot L^{-1}$ H$_2$SO$_4$ 为电解液，在 $0.1A \cdot g^{-1}$ 的电流密度下，材料 SWCNT-TBA-PV$_2$Mo$_{10}$ 能够表现出 $444F \cdot g^{-1}$ 的高比电容值（图 5-14），$15.4Wh \cdot kg^{-1}$ 的高能量密度和 $15.7 W \cdot kg^{-1}$ 的高功率密度。另外，该材料还表现出优异的循环性能，经6500 次循环后电容值仍可以保持在 95% 以上。

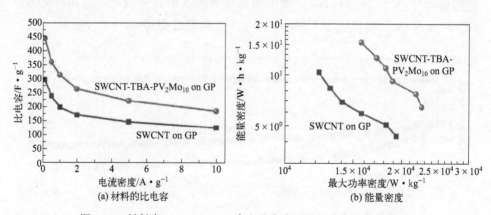

图 5-14　材料在 0.1~10A·g^{-1} 电流密度下的比电容和能量密度

　　石墨烯在设计和开发高功率密度电极材料方面表现出了巨大的潜力。为了提高其能量密度,研究人员一直致力于由石墨烯和各种具有电化学活性无机材料相结合来制备混合纳米复合材料。Ciesielski 等人报道了一种基于 Keplerate 型多酸(Mo_{132})与十二烷基三甲基溴化铵(DTAB)功能性的新型杂化材料,并与电化学剥离的石墨烯(EEG)纳米片混合,形成了具有三维多孔结构的 Mo_{132}-DTAB-EEG[21]。在表面活性剂辅助的孔隙度增强协同的作用下,材料 Mo_{132}-DTAB-EEG 结合了多酸的氧化还原活性和石墨烯的高导电性。循环伏安和恒流充放电研究结果表明,材料 Mo_{132}-DTAB-EEG 在 H_2SO_4 溶液中展示了较高的储能性能。扫描速率为 $1mV \cdot s^{-1}$ 时,比电容达到 $65F \cdot g^{-1}$(图 5-15)。与原始电化学剥离石墨烯材料相比,总体性能显著提高。另外,在不同的电流密度下,经过 5000 次充放电循环后,比电容仍能保持在 99%,说明材料具有优异的稳定性。而 Keplerate 型多酸 Mo_{132}-DTAB 与石墨烯表面之间的强非共价相互作用,与其他杂化多酸/碳基体系相比,具有更高的稳定性。

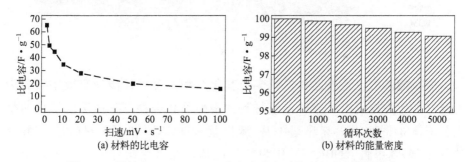

图 5-15　材料在 $0.1 \sim 10A \cdot g^{-1}$ 电流密度下的比电容和能量密度

　　多酸/金属芳烃/石墨烯形成的复合材料,不仅能够很好地融合各组分的优点,而且在一定程度上能够改进各自的缺点,为高性能超级电容器材料的制备提供了一个有效的途径。庞海军利用 $1H$-1,2,4-三唑($C_2H_2N_3$)有机配体合成了两例同构的基于不同 Keggin 型多酸的含有金属芳烃结构的金属-有机框架$[Ag_5(C_2H_2N_3)_6][H_5 \subset SiMo_{12}O_{40}]$(**1**)和$[Ag_5(C_2H_2N_3)_6]$$[H_5 \subset SiW_{12}O_{40}]$(**2**)。随后将其与氧化石墨烯(GO)结合制备了复合材料(图 5-16),并研究了化合物和复合材料的超级电容器性能[22]。结构分析发现,两个化合物的结构中都含有一种结构新颖的六元金属芳烃结构,并相互连接形成二维的层,多酸阴离子填充在这些层之间。超级电容器性能研究表明,以 Mo 为金属原子的 Keggin 型多酸基化合物 **1** 的电容性能,

比含 W 金属的化合物 **2** 的更优，电流密度为 0.5A·g^{-1} 时，比电容为 155.0F·g^{-1}，1000 次循环后仍能保留 78.5%，具有良好的循环稳定性。随后将化合物 **1** 与 GO 结合，得到复合物 **1**@15%GO。由于 GO 和框架之间的协同作用，复合物 **1**@15%GO 表现出更高的比电容。在电流密度为 0.5A·g^{-1} 时，比电容值高达 230.2F·g^{-1}，优于报道过的大多数多酸基电极材料。1000 次循环后，其值是第一次的 92.7%，性能优于单纯的化合物 **1**。该工作在一定程度上证实了多酸/金属酸芳烃/石墨烯结合得到的复合材料，在发挥各组分的优点的同时，还克服了相应的缺点，为开发容量更高、稳定性和导电性好的多酸基超级电容器电极提供了一条可行的途径。

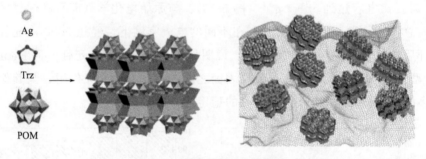

图 5-16　复合材料的制备路线

碳布的使用也是改进和提升多酸基化合物电容器性能的有效手段。为了开发可作为超级电容器的电极材料的多酸基化合物，王祥课题组把两个氰基配体 3,5-双(1H-咪唑基-1-基)苯甲腈（DICN）和 3,5-双(1H-苯并咪唑基-1-基)苯甲腈（DBICN）作为初始配体，在水热条件下得到了两个多酸基配合物 H{Zn$_4$(DIBA)$_4$[(DIBA)(HPO$_2$)]$_2$(α-PMo$_8^{VI}$Mo$_4^V$O$_{40}$Zn$_2$)}（**3**）和 [ε-PMo$_8^V$Mo$_4^{VI}$O$_{37}$(OH)$_3$Zn$_4$(HDBIBA)$_2$]·6H$_2$O（**4**）[23]，并进一步研究两个化合物与碳布结合后材料的电容器性能。结构分析表明，反应过程中，最初的 DICN 和 DBICN 配体发生了原位转化，生成了 3,5-双(1H-咪唑基-1-基)苯甲酸（DIBA）和 3,5-双(1H-苯并咪唑基-1-基)苯甲酸（DBIBA）。另一个结构特征在于，两个化合物结构中分别含有不同数目锌帽的 Keggin 型多酸，即 α-PMo$_{12}$Zn$_2$ 和 ε-PMo$_{12}$Zn$_4$。考虑到结构中多酸的存在和化合物结构的稳定性，作者进一步将两个化合物负载在导电碳布上，研究了其电容器性能。结果表明，当电流密度为 0.5A·g^{-1} 时，两个化合物都展示了优异的电容性能，比容值分别为 171.17F·g^{-1} 和 146.77F·g^{-1}（图 5-17）。1000 次循环后，电容保留率分别为 92.15% 和 89.33%，表现出了良好的稳定性。该结果能够为开发多酸基配合物作为超级电容器材料提供了方法。

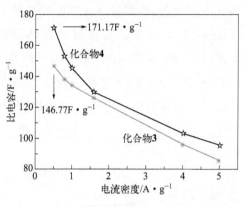

图 5-17　化合物的比电容

为了得到性能优异的超级电容器材料，乙炔黑作为导电材料也经常被研究人员所使用。庞海军等人采用水热法合成了三种新型多酸基金属-有机化合物 $[Ag_{10}(C_2H_2N_3)_8][HVW_{12}O_{40}]$（**5**）、$[Ag_{10}(C_2H_2N_3)_6][SiW_{12}O_{40}]$（**6**）和 $[Ag(C_2H_2N_3)][Ag_{12}(C_2H_2N_3)_9][H_2BW_{12}O_{40}]$（**7**）[24]，进一步将乙炔黑作为导电材料与化合物混合，制备了相应的电极，并研究了超级电容器性能。三个化合物都拥有三维的框架结构。电化学性质研究表明，利用这些化合物所得到的电极材料，都具有较高的比电容和循环稳定性。在 $1.5A \cdot g^{-1}$ 电流密度下，三个化合物的比电容分别为 $93.5F \cdot g^{-1}$、$47.8F \cdot g^{-1}$ 和 $42.9F \cdot g^{-1}$。基于化合物 **6** 和 **7** 的电极在 $4.0A \cdot g^{-1}$ 电流密度下循环 1000 次后，能够保留初始比电容的 90.9% 和 86.5%，表现出优异的电化学性能。材料的储能能力主要来源于结构中多酸的氧化还原能力，以及乙炔黑的使用对材料的电化学活性表面积和阻抗优化的结果。

5.3.2　基于导电聚合物的电极材料性能

聚吡咯（PPy）是一类典型的导电聚合物，目前在制作超级电容器的优良电极材料过程中已经得到了广泛的使用。为了克服多酸导电性差的问题，促进其在超级电容器领域的应用，将多酸及多酸基材料与聚吡咯结合，是提高材料整体导电性的有效手段。

Mal 将多酸 $(K_5H_2[PV_4W_8O_{40}] \cdot 11H_2O)$ 与 PPy 相结合，从而克服了多酸的稳定性差的问题，得到了新的复合材料 PV_4W_8/PPy，并研究了其电化学性能[25]。将 PV_4W_8 多酸掺杂在导电 PPy 基体的表面，能够有效地提高材料的电子迁移率。电化学性能研究表明，在 $0.4A \cdot g^{-1}$ 电流密度下，材料 PV_4W_8/PPy 表现出了优异的 $291F \cdot g^{-1}$ 的比电容，电极的能量密度为 $16.4Wh \cdot kg^{-1}$（图 5-18），而且具有良好的循环稳定性，优于单纯的 PPy（$90.01F \cdot g^{-1}$）和 PV_4W_8 多酸（$39.03F \cdot g^{-1}$）的结果。同时，在相同的电流密度下，对称的 PV_4W_8/PPy 电极的比电容为 $195.24F \cdot g^{-1}$，能量密度为 $8.94Wh \cdot kg^{-1}$，两种电极的导电性均优于纯 PV_4W_8。

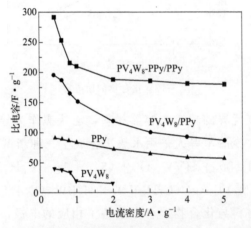

图 5-18 不同材料的比电容

黄一中等人制备了一种含有 $H_3PMo_{12}O_{40}$（PMo_{12}）多酸的基于 PPy 和水凝胶（gel）的三维网状杂化材料（PMo_{12}/PPy gel），研究了该材料的电化学性能，并评价了 PMo_{12} 的不同掺杂量对性能的影响，实现了材料组分和性能的最优化[26]。水凝胶相互连接的三维框架结构，不仅有利于防止 PMo_{12} 活性组分的聚集，而且还提高了分散均匀性，同时可以为电子和离子提供连续的传输通道（图 5-19）。电化学性能研究结果表明，在 $0.5A \cdot g^{-1}$ 的电流密度下，材料 PMo_{12}/PPy gel 的比电容为 $776F \cdot g^{-1}$，比传统复合材料 PMo_{12}/PPy 的比电容提高了近 2.5 倍。在 1.5V 工作电压窗口下，组装成的固态超级电容器的比电容为 $162.1F \cdot g^{-1}$，最大能量密度为 $50.66Wh \cdot kg^{-1}$。材料优异的性能主要是由于具有氧化还原活性的 PMo_{12} 组分均匀分布于三维层状的亲水孔洞中，促进了离子的快速扩散和电子传递，提高了电导率。另外，gel 的三维多孔结构，能够为 PMo_{12} 提供了更多的吸附位点，使材料 PMo_{12}/PPy gel 比传统的 PMo_{12}/PPy 具有更好的稳定性。

　　研究表明，高孔隙率的多酸基金属-有机骨架也是超级电容器的潜在材料，但其导电性能较差的缺点影响了其电化学性能。为了解决这一问题，兰亚乾课题组报道了一种多酸基金属-有机框架 NENU-5 和 PPy 混合的新型纳米复合材料 NENU-5/PPy，研究了它的电化学性能，通过改变聚吡咯的用量实现性能的最优化（图 5-19）[27]。该材料结合了多酸、金属-有机框架和 PPy 的优点，覆盖在 NENU-5 纳米晶表面的高导电性聚吡啶能够有效地改善 NENU-5 纳米晶之间的电子/离子的转移。性能研究表明，电流密度为 $0.5mA \cdot cm^{-2}$ 和聚吡咯的用量为 $0.15\ mL$ 时，NENU-5/PPy-0.15 纳米复合材料的比电容为 $5147mF \cdot cm^{-2}$，高于 NENU-5 的性能。在对称电容器中，NENU-5/PPy-0.15 的面积比电容为 $1879mF \cdot cm^{-2}$，远高于其他多酸基金属-有机框架的性能。总之，将 NENU-5 与聚吡咯结合，得到的 NENU-5/PPy-0.15 具有导电性好、比表面积和孔隙率大、活性位点丰富等特点，能够表现出良好的电化学性能。

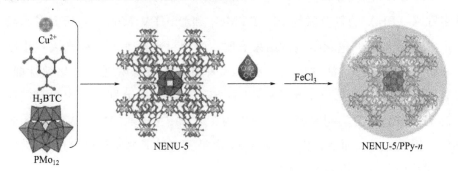

图 5-19　NENU-5/PPy-0.15 的制备过程

　　聚鲁米诺（PLum）作为一种具有电化学活性的有机化合物，具有无毒、低氧化电位、高发光量子产率等优点，也是开发超级电容器的电极材料和良好候选者。Travas-Sejdic 等人报道了第一例由聚丙烯酰胺/海藻酸钠的水凝胶多孔框架担载有 PMo_{12} 和聚鲁米诺杂化物的复合材料 PLum/POM，并研究了该材料的电容器性能和组分比例对性能的影响[28]。材料 PLum/POM 结合了 PLum 的优点和多酸的多电子转移特性，提高了多酸的电化学性能。而混合水凝胶电极材料具有高的比表面积，不仅可在电化学过程中实现快速电荷转移，而且杂化水凝胶柔性又使材料具有良好的力学稳定性，这些组分的结合有利于提高材料的电化学性能。电容器性能研究结果表明，多酸用量为 0.3g 时得到的复合材料 P2-Plum 在扫速为 $10mV \cdot s^{-1}$ 下的比电容为 $349mF \cdot cm^{-1}$ （图 5-20），而且表现出最长的充放电时长。

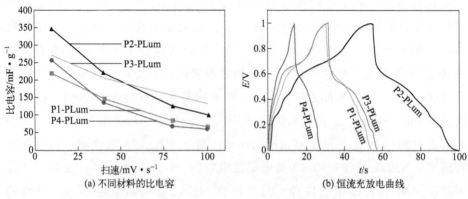

图 5-20　不同电流密度下的比电容和恒流充放电曲线

Mal 等人报道了两种由 $H_4[PVMo_{11}O_{40}]$ 和 $H_5[PV_2Mo_{10}O_{40}]$ 多酸掺杂多吲哚（PIn）的复合材料 $PIn/PVMo_{11}$ 和 PIn/PV_2Mo_{10}，并研究了其超级电容器性能[29]。电化学测试结果表明，两种材料修饰的电极都表现出赝电容行为。氧化还原活性的多酸在 PIn 表面的掺杂，增强了电化学性能。材料 PIn/PV_2Mo_{10} 在 $0.25mol \cdot L^{-1}$ H_2SO_4 电解质中分别表现出更高的比电容值、能量密度及功率密度，分别为 $198.09F \cdot g^{-1}$、$10.19Wh \cdot g^{-1}$ 和 $198.54W \cdot kg^{-1}$。而且，PIn/PV_2Mo_{10} 电极具有显著的循环稳定性，10000 次循环后仍保留初始电容的 84%。

5.3.3　基于混合导电材料的电极材料的性能

兰亚乾报道了一种基于 PMo_{12} 多酸、PPy 和还原氧化石墨烯（rGO）的三元组分纳米杂化材料 $PPy-PMo_{12}/rGO$，并将其用于柔性全固态超级电容器中[30]。在反应体系中，PMo_{12} 多酸具有较强的氧化能力，其还原产物"杂多蓝"（HPB）具有一定的还原能力。它可以作为一种独特的多功能试剂，不仅可以引发吡咯单体的聚合反应，同时生成的 HPB 又将石墨烯氧化为还原氧化石墨烯。材料的结构中，尺寸约为 65nm 的 $PPy-PMo_{12}$ 纳米颗粒，被很好地锚定在 rGO 纳米片上，不仅抑制了 rGO 的再堆积，产生了赝电容，而且产生了许多有利于离子扩散和电子传递的中孔。性能研究结果表明，材料在 $0.5\text{mol} \cdot \text{L}^{-1}$ H_2SO_4 溶液中表现出优异的超级电容性能。电流密度为 $0.5\text{A} \cdot \text{g}^{-1}$ 下，比电容为 $360\text{F} \cdot \text{g}^{-1}$。进一步将其制作成柔性的全固态超级电容器，在电流密度为 $150\text{mA} \cdot \text{m}^{-2}$ 时，所得到器件的面积比电容达到 $2.61\text{mF} \cdot \text{cm}^{-2}$，同时表现出优异的柔性和机械稳定性，以及良好的倍率性能和循环性能。

刘旭光等人采用静电共组装技术，将 PMo_{12} 多酸均匀地限制在由 PPy 水凝胶框架功能化的具有分子级笼状结构的碳纳米管（CNT）中，从而得到了一种新型的复合材料，并研究了该材料的超级电容器性能[31]。这种"渔网"状的 PPy 水凝胶不仅显示了超高的负载量〔67.5%（质量分数）〕，而且还有助于 PMo_{12} 分子个体的均匀分散性，实现了对单个 PMo_{12} 分子的精确限制，又促进了 PMo_{12} 与 CNTs 之间的接触，从而获得了比传统复合体系更好的超级电容器性能。另外，材料结构中的"笼状"结构，通过引入新的质子转移反应位点活化了 PMo_{12} 分子，以增强其充放电性能。性能研究表明，柔性固态超级电容器在功率密度为 $700\mu\text{W} \cdot \text{cm}^{-2}$ 的情况下，表现出 $67.5\mu\text{W} \cdot \text{h} \cdot \text{cm}^{-2}$ 的高能量密度，3000 次循环后电容维持率为 85.7%。此外，基于该材料的固体器件比电容在不同弯曲和扭转条件下均没有明显衰减，具有良好的机械稳定性。

5.4　多酸基功能材料在储能方面的应用

总之，由于其本身具有良好的氧化还原性能，多酸基材料已成为能源存储领域的研究热点。基于多酸的金属-有机框架，或与各种导电材料相结合的复合材料，通常都能够表现出更令人满意的性能。这些成果初步表明了多酸基材料在先进电化学能量转换和存储方面具有很强的应用潜力，包括锂离子电池、钠离子电池、锌离子电池、超级电容器等。这些令人欣喜的成果增强了研究人员对材料深入研究的信心并提供了更多的机遇，同时多酸基复合材料在储能应用中仍然存在的问题也使研究人员临着挑战。

参考文献

[1] Zhang Y, Liu J, Li S L, et al. Polyoxometalate-based materials for sustainable and clean energy conversion and storage[J]. EnergyChem, 2019, 1(3): 100021.

[2] Chen J J, Symes M D, Fan S C, et al. High-Performance Polyoxometalate-Based Cathode

Materials for Rechargeable Lithium-Ion Batteries[J]. Adv Mater，2015，27(31)：4649-4654.

[3] Huang S C，Lin C C，Hsu C T，et al. Keplerate-type polyoxometalate {Mo$_{72}$Fe$_{30}$} nanop-article anodes for high-energy lithium-ion batteries[J]. J Mater Chem A，2020，8(41)：21623-21633.

[4] Huang Q，Wei T，Zhang M，et al. A highly stable polyoxometalate-based metal-organic framework with π-π stacking for enhancing lithium ion battery performance[J]. J Mater Chem A，2017，5(18)：8477-8483.

[5] Yang H，Song T，Liu L，et al. Polyaniline/Polyoxometalate Hybrid Nanofibers as Cathode for Lithium Ion Batteries with Improved Lithium Storage Capacity[J]. J Phys Chem C，2013，117(34)：17376-17381.

[6] Jia X Y，Wang J X，Hu H B，et al. Three-Dimensional Carbon Framework Anchored Polyoxometalate as a High-Performance Anode for Lithium-Ion Batteries[J]. Chem Eur J，2020，26(23)：5257-5263.

[7] Han Z Y，Li X Y，Li Q，et al. Construction of the POMOF@Polypyrrole Composite with Enhanced Ion Diffusion and Capacitive Contribution for High-Performance Lithium-Ion Batteries[J]. ACS Appl Mater Interfaces，2021，13(5)：6265-6275.

[8] Hartung S，Bucher N，Chen H Y，et al. Vanadium-based polyoxometalate as new material for sodium-ion battery anodes[J]. J Power Sources，2015，288：270-277.

[9] Cao D W，Sha Q，Wang J X，et al. Advanced Anode Materials for Sodium-Ion Batteries：Confining Polyoxometalates in Flexible Metal-Organic Frameworks by the "Breathing Effect"[J]. ACS Appl Mater Interfaces，2022，14(19)：22186-22196.

[10] Sha Q，Cao D W，Wang J X，et al. Insight into the Structural Variation and Sodium Storage Behavior of Polyoxometalates Encapsulated within Single-Walled Carbon Nanotubes[J]. Chem Eur J，2022，28(57)：e202201899.

[11] Ullah I，ul Haq T，Khan A A，et al. Sodium decavanadate encapsulated Mn-BTC POM@MOF as high-capacity cathode material for aqueous sodium-ion batteries[J]. J Alloys Compd，2023，932：167647.

[12] Deng L Q，Niu X G，Ma G S，et al. Layered Potassium Vanadate K$_{0.5}$V$_2$O$_5$ as a Cathode Material for Nonaqueous Potassium Ion Batteries[J]. Adv Funct Mater，2018，28(49)：1800670.

[13] Xu Y，Dong H S，Zhou M，et al. Ammonium Vanadium Bronze as a Potassium-Ion Battery Cathode with High Rate Capability and Cyclability[J]. Small Methods，2019，3(8)：1800349.

[14] Shen D Y，Liu Z M，Fan L，et al. Organic phosphomolybdate：a high capacity cathode for potassium ion batteries[J]. Chem. Commun.，2020，56(84)：12753-12756.

[15] Zhou T, Zhu L M, Xie L L, et al. New Insight on $K_2Zn_2V_{10}O_{28}$ as an Advanced Cathode for Rechargeable Aqueous Zinc-Ion Batteries[J]. Small, 2022, 18(12): 2107102.

[16] Huang R, Wang W W, Zhang C, et al. A bi-component polyoxometalate-derivative cathode material showed impressive electrochemical performance for the aqueous zinc-ion batteries[J]. Chinese Chem Lett, 2022, 33(8): 3955-3960.

[17] Yang K, Hu Y Y, Zhang T S, et al. Triple-Functional Polyoxovanadate Cluster in Regulating Cathode, Anode, and Electrolyte for Tough Aqueous Zinc-Ion Battery[J]. Adv Energy Mater, 2022, 12(42): 2202671.

[18] Wu H Y, Gu X, Huang P, et al. Polyoxometalate driven dendrite-free zinc electrodes with synergistic effects of cation and anion cluster regulation[J]. J Mater Chem A, 2021, 9(11): 7025-7033.

[19] Winter M, Brodd R J. What Are Batteries, Fuel Cells, and Supercapacitors? [J]. Chemical Reviews, 2004, 104(10): 4245-4270.

[20] Chen H Y, Al Oweini R, Friedl J, et al. A novel SWCNT-polyoxometalate nanohybrid material as an electrode for electrochemical supercapacitors[J]. Nanoscale, 2015, 7 (17): 7934-7941.

[21] Pakulski D, Gorczyński A, Czepa W, et al. Novel Keplerate type polyoxometalate-surfactant-graphene hybrids as advanced electrode materials for supercapacitors[J]. Energy Storage Mater, 2019, 17: 186-193.

[22] Hou Y, Chai D F, Li B, et al. Polyoxometalate-Incorporated Metallacalixarene@Graphene Composite Electrodes for High-Performance Supercapacitors[J]. ACS Appl Mater Interfaces, 2019, 11(23): 20845-20853.

[23] Wang X, Li H, Lin J, et al. Capped Keggin Type Polyoxometalate-Based Inorganic-Organic Hybrids Involving In Situ Ligand Transformation as Supercapacitors and Efficient Electrochemical Sensors for Detecting Cr(Ⅵ)[J]. Inorg Chem, 2021, 60(24): 19287-19296.

[24] Hou Y, Pang H, Gómez García C J, et al. Polyoxometalate Metal-Organic Frameworks: Keggin Clusters Encapsulated into Silver-Triazole Nanocages and Open Frameworks with Supercapacitor Performance[J]. Inorg Chem, 2019, 58(23): 16028-16039.

[25] Anandan Vannathan A, Chandewar P R, Shee D, et al. Asymmetric polyoxometalate-polypyrrole composite electrode material for electrochemical energy storage supercapacitors[J]. J Electroanal Chem, 2022, 904: 115856.

[26] Wang M L, Yu Y F, Cui M Z, et al. Development of polyoxometalate-anchored 3D hybrid hydrogel for high-performance flexible pseudo-solid-state supercapacitor[J]. Electrochim Acta, 2020, 329: 135181.

[27] Wang H N, Zhang M, Zhang A M, et al. Polyoxometalate-Based Metal-Organic Frame-

works with Conductive Polypyrrole for Supercapacitors[J]. ACS Appl Mater Interfaces, 2018, 10(38): 32265-32270.

[28] Al-Ghaus Z, Akbarinejad A, Zhu B, et al. Polyluminol-polyoxometalate hybrid hydrogels as flexible and soft supercapacitor electrodes[J]. J Mater Chem A, 2021, 9(36): 20783-20793.

[29] Vannathan A A, Kella T, Shee D, et al. One-Pot Synthesis of Polyoxometalate Decorated Polyindole for Energy Storage Supercapacitors[J]. ACS Omega, 2021, 6(17): 11199-11208.

[30] Chen Y Y, Han M, Tang Y J, et al. Polypyrrole-polyoxometalate/reduced graphene oxide ternary nanohybrids for flexible, all-solid-state supercapacitors[J]. Chem Commun, 2015, 51(62): 12377-12380.

[31] Wang M L, Zhang Y, Zhang T Y, et al. Confinement of single polyoxometalate clusters in molecular-scale cages for improved flexible solid-state supercapacitors[J]. Nanoscale, 2020, 12(22): 11887-11898.

第**6**章
多酸基功能材料的其他性能

6.1 引言

多酸最重要的性质之一，就是它们独特的电化学氧化还原行为。这些分子表现出较高的氧化态和还原态稳定性，并能参与快速可逆的电子转移反应，这些特征使其本身及衍生材料可作为电子的有效传输介质，或可以在相关领域有着重要的应用空间。多酸是一种公认强酸，可以作为Brønsted酸催化剂参与一些催化反应。多酸及其衍生物在生物学、药物学、磁学等重要领域，也能表现出优异的性能和潜在的应用。

6.2 燃料电池领域性能

燃烧化石燃料是世界上主要的能源生产途径，它排放大量的二氧化碳等温室气体，以及硫和氮氧化物等已经造成了严重的环境污染。环境问题的加剧和能源危机加速了对可再生能源技术的研究。燃料电池是一种电化学能量转换装置，可以通过一对氧化还原反应将化学能直接转化为电能，在燃料来源、功率密度、能量转换效率和环境兼容性等方面具有很大的优势。

6.2.1 质子交换膜燃料电池性能

质子交换膜燃料电池（PEMFC）是一种具有工作温度低、高效、启动速度快、功率密度大等优点的高效环保的电源，在学术界和工业界已经引起了极大的关注。质子交换膜（PEM）是燃料电池器件的关键部件，需满足具有较高的质子导电性、燃料渗透性低、机械性能好、化学和热稳定性好等要求。因此，目前人们对开发用于高性能 PEMFC 的理想 PEM 非常感兴趣。多酸作为无机金属氧簇，是一种具有多样结构、刚性的纳米无机结构单元，可用于制备功能性纳米复合材料。多酸也被研究人员视为 PEM 的主要类型之一，因为在一定条件下多酸不仅能够表现出强烈的 Brønsted 酸性，而且多酸中大量水分子的存在也使其具有质子导电性，同时又有较高的热稳定性和结构的多样性。多酸的这些优点是其成为用来制备 PEM 燃料电池的潜在材料。

Madaeni 等人将 $Cs_{2.5}H_{0.5}PMo_{12}O_{40}$（CsPMo）和 $Cs_{2.5}H_{0.5}PW_{12}O_{40}$（CsPW）等多酸氢铯盐（CsHP）与 Nafion 结合，在中低相对湿度（RH）条件下制备了稳定的纳米复合膜 CsPW/Nafion[1]。CsHP 具有吸湿导电的特性，其加入提高了 Nafion 的含水量，但限制了 Nafion 中磺酸基的活性。因此，离子交换容量（IEC）降低，电导率随相对湿度的增加增幅较大。在无水和高温条件下，由于额外的保水性或表面功能位点，复合膜 CsPW/Nafion 的电导率更高。膜的氧化稳定性测试结果表明，CsPW/Nafion 复合膜具有较好的抗氧化性能，主要原因是 CsPW 降低了 H_2O_2 的扩散。在 60℃、80℃ 和 100℃（35% RH）的 PEM 燃料电池测试中，纳米复合膜比普通 Nafion 膜有更好的性能。CsPMo/Nafion 膜在 80℃ 下制备的 MEA 在 $1000mA \cdot cm^{-2}$ 时的最大功率密度为 $420mW \cdot cm^{-2}$（图 6-1）。稳定性测试表明，CsPW 的覆盖效应比 CsPMo 更强，使得 CsPMo/Nafion 膜比 CsPW/Nafion 膜具有更高的吸水率、IEC、电导率和燃料电池性能，并且电压衰减更低。

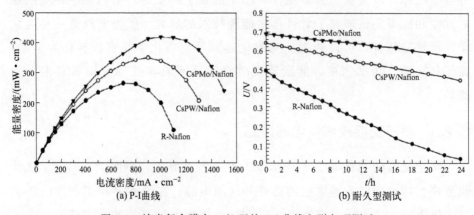

图 6-1　纳米复合膜在 80℃ 下的 P-I 曲线和耐久型测试

Abouzari-lotf 等人将 $H_3PW_{12}O_{40}$（PTA）多酸固定在纳米纤维上，并将其作为复合膜的中心层，两侧用 Nafion 112（N112）进行覆盖，从而制备了可用于低湿度 PEMFC 的夹芯复合膜（CM），研究了 PTA 负载量和纳米纤维直径对复合膜的吸水率、稳定性和质子电导率的影响[2]。性能研究表明，与原始膜 N112 相比，在低相对湿度下，复合膜 CM-Ⅱ（65μm）和 CM-Ⅳ（70μm）表现出较好的质子导电性，具有良好的热稳定性、化学稳定性和机械稳定性。60℃和 40% RH 条件下，复合膜表现出良好的燃料电池性能。与 N112 相比较，两个复合膜都展示了最高的开路电压（图 6-2）。而且，在 60℃和 40%RH 的 PEMFC 中测试时，复合膜 CM-Ⅱ的最大功率密度高达 932mW·cm^{-2}，至少比 N112 高 40%，复合膜性能的增强可以归因于质子电导率的显著提高和复合膜燃料气体交叉的减少。

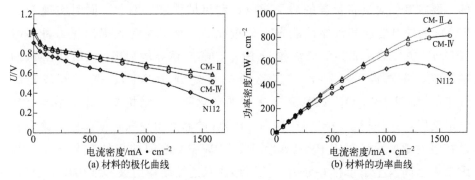

图 6-2　Nafion 112、CM-Ⅱ和 CM-Ⅳ复合膜 PEMFC 的极化和功率曲线

Shanmugam 等人将磷钨酸（PW）修饰氧化石墨烯（GO）掺杂在磺化聚芳醚酮（SPAEK）嵌段聚合物中，从而得到一种 SPAEK/PW-mGO 复合膜，并研究其在燃料电池中的性能[3]。研究结果表明，与单纯的 SPAEK 膜相比较，SPAEK/PW-mGO 复合膜具有更高的质子导电性。在相对湿度为 25%、温度为 80℃的条件下，SPAEK/PW-mGO1%（质量分数）复合膜组成的燃料电池性能得到了提高，最大功率密度为 772mW·cm^{-2}，而原始 PAEK 膜相同条件下的最大功率密度仅为 10mW·cm^{-2}。与 NRE-212 膜相比，SPAEK/PW-mGO1%（wt）复合膜的最大功率密度提高了 4.8 倍。此外，SPAEK/PW-mGO1%（wt）复合膜的最大电流密度为 2491mA·cm^{-2}，远高于原始 SPAEK 膜的 39mA·cm^{-2} 和 NRE-212 膜的 734mA·cm^{-2}。总之，在干燥条件下，SPAEK/PW-mGO1%（质量分数）复合膜可作为燃料电池的潜在质子交换膜（图 6-3）。

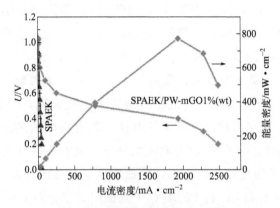

图 6-3　复合膜的燃料电池性能

高温质子交换膜（HT-PEMs）是高温能量储存和转换技术的关键部件，要求其同时具备优异的质子导电性和机械强度。因此，同时实现 HT-PEMs 的导电性能和机械性能是十分重要的。李昊龙等人提出了一种多酸（POM）主导的、非共价交联和 H_3PO_4（PA）诱导的后组装 HT-PEMs 制备策略，并制得了一种含有聚乙烯吡咯烷酮（PVP）、聚三苯基哌啶（PTP）和 $H_3PW_{12}O_{40}$（PW）杂多酸的杂化膜[4]。结构中，聚合物经 PW 静电交联，并保持了一定的迁移率。POM 的非共价交联，使膜中的聚合物链在吸附 PA 后，PVP-PW-PA 和 PTP-PW-PA 之间的极性差异增加，导致二者之间发生了重排并分离，从而形成双连续结构的膜。结构中的 PTP-PW-PA 是机械支撑相，PVP-PW-PA 是主要的质子导电相。性质研究表明，所得到的膜具有较高的机械强度和无水质子电导率，在 160℃时，膜的断裂强度超过 7MPa，质子导电性约为 $55mS \cdot cm^{-1}$。基于这种膜的高温超级电容器在 150℃下，比电容为 $145.4F \cdot g^{-1}$。3000 次充放电循环后，比电容仍能保留最初的 80%。在 160℃时，由其组成的 H_2/空气燃料电池的峰值功率可达 $273.6mW \cdot cm^{-2}$。

6.2.2　催化生物质燃料电池性能

燃料电池技术因其清洁、便携等优点，目前已经引起了人们的极大兴趣和广泛的关注。对于木质纤维素生物燃料电池而言，与间接生物质燃料电池（IDBFC）相比较，直接生物质燃料电池（DBFC）则是一种无需预转换或加工，直接使用生物质作为燃料发电的新技术。因此，直接将木质素或木质纤维素生物质转化为电能的燃料电池，对于高效、便携式和低成本

的电力生产是关键的。多酸具有强大的氧化降解能力，可作为一种良好的
电子转移催化剂，在生物质燃料电池领域表现出潜在的应用。

朱俊勇等人报道了一种以磷钼酸 $H_3PMo_{12}O_{40}$（PMo_{12}）为介质的直接
生物质燃料电池（DBFC），实现在低温下将木质素直接转化为电能，并表
现出较高的输出功率和法拉第效率[5]。在含碳电极的阳极溶液中，PMo_{12}
作为电子和质子载体，在 Pt 的催化下，以 O_2 气直接作为最终电子的受体
（图 6-4），其峰值功率密度达到 $0.96mW \cdot cm^{-1}$，比苯酚燃料微生物燃料
电池的峰值功率密度提高了 560 倍。当 PMo_{12} 催化阴极反应时，功率密度
可以提高到 $5mW \cdot cm^{-1}$。稳定性测试结果表明，当使用空气、O_2 或
PMo_{12} 和 O_2 作为电子受体时，420min 内电池表现出相对稳定的输出，电
流密度约为 $0.25mA \cdot cm^{-2}$、$0.4mA \cdot cm^{-2}$ 和 $0.5mA \cdot cm^{-2}$，说明这种
燃料电池是一种很有前途的稳定的电化学电源。通过对木质素的结构分析
得知，结构中的羟基含量降低，羰基含量增加。因此，多酸介质的引入，
促进了木质素向氧的电子和质子转移，从而实现木质素与电之间的直接
转化。

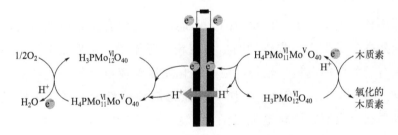

图 6-4　燃料电池的工作原理

随着生物质燃料电池研究工作的开展，一种高效的混合太阳能生物质
燃料电池也由研究人员提出[6]。该电池能够同时利用催化剂的热催化和光
催化性能，将生物质糖转化为电能，并提高电池的输出功率和电子利用效
率。在这个燃料电池中，研究人员使用了磷钼酸 $H_3PMo_{12}O_{40}$（POM-I）作
为光催化剂，在分解生物糖的同时捕获电子。另外，得到电子的还原型多
酸具有更强的可见光和近红外光吸附作用，又可以显著提高反应体系的温
度，并在很大程度上促进了 POM-I 对糖的热氧化。此外，还原型的 POM
也作为电荷的载体，可以在燃料电池的阳极释放电子，从而完成发电过程。
因此，在这个燃料电池中，多酸同时扮演着光催化剂和载流子两种角色。

另外，研究人员还调查了不同的糖作为燃料时电池的性能。结果发现，这些电池均能表现出良好的性能，尤其是当使用棉子糖作为燃料时，功率密度可达 45mW·cm^{-2}（图 6-5）。

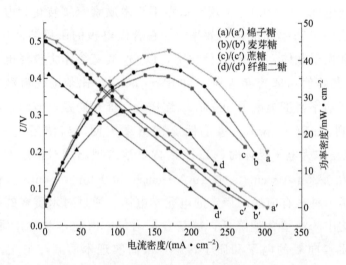

图 6-5　使用不同生物质时燃料电池的输出电压和功率密度

邓渝林等人报道了一种新型的太阳能诱导的混合燃料电池，它可以直接由天然高分子生物质提供动力，如淀粉、纤维素、木质素等[7]。该燃料电池结合了太阳能电池、燃料电池和氧化还原液流电池的一些特点，采用杂多酸 $H_3PMo_{12}O_{40}$（PMo_{12}）作为光催化剂和载流子，可以在低温下发电。性质研究表明，燃料电池可适用于多种生物质，如纤维素、白杨木、木质素、柳枝稷等。当以纤维素为燃料、以 Cu^{2+}-Fe^{3+} 作为 Lewis 酸时，燃料电池的功率密度可达到 0.72mW·cm^{-2}，几乎是纤维素基微生物燃料电池的 100 倍，其数值与文献报道的最好的微生物燃料电池相当。该结果证明了多酸可作为太阳能诱导的生物质燃料电池催化剂的可行性。

2014 年研究人员报道了一种新的非贵金属的高性能生物质燃料电池[8]。该燃料电池使用了两种具有不同氧化还原电位的多酸溶液，$H_3PW_{11}MoO_{40}$（POM-Ⅰ）和 $H_{12}P_3Mo_{18}V_7O_{85}$（POM-Ⅱ）。其中，POM-Ⅰ溶液与生物质染料存储在阳极，在光照或加热的条件下，生物质燃料均发生氧化，还原的多酸溶液则通过阳极循环泵输送。POM-Ⅱ溶液储存在阴极槽中，POM-Ⅱ的再生是通过氧气在混氧罐的氧化而完成的（图 6-6）。从本质上讲，它是一种结合了燃料电池和氧化还原液流电池的混合体，并同时发挥了二者的优点。电池采用的多酸催化剂具有很好的耐受性，使生物质燃料不需要预先净化处理，这也将大大降低燃料成本。性能研究表明，这种电池可以将生物质原料，如纤维素、淀粉，甚至草或木粉直接转化为电能。当柳枝稷和灌木草作为燃料时，电池的功率密度分别为 $43\mathrm{mW \cdot cm^{-2}}$ 和 $51\mathrm{mW \cdot cm^{-2}}$。对于纤维素基生物质燃料电池，功率密度几乎是纤维素基微生物燃料电池的 3000 倍。

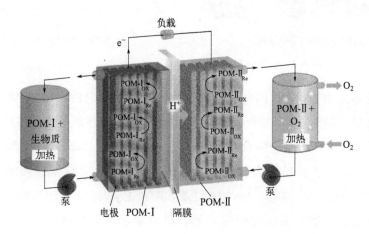

图 6-6　电池的构造图

6.3　生物学领域性能

6.3.1　药物传输性能

李峻柏等人把 $\mathrm{H_3PW_{12}O_{40}}$ 多酸和多巴胺（DA）作为主要的原料，利用二者之间的氢键和静电作用，制备了一种具有三维分层的花状纳米材料[9]。在制备过程中发现，通过改变两种组分的比例、浓度和初始 Tris-HCl 溶液的 pH，可以简单地实现对纳米材料的尺寸和形态有效调控。性质研究表明，该纳米材料在作为抗癌药物阿霉素的输送载体时，展示出了 pH 响应释放的行为。材料在 pH 值为 2.8 和 7.4 的条件下，半小时内药物都表现出爆发性释放，12h 内处于缓释阶段，这是由于药物粉末的分散性和物理吸附加载方式所导致的。当 pH 为 7.4 时（图 6-7），药物在 12h 内释放接近 100%；而在 pH 值为 2.8 时，只有释放了大约 26%，表明该材料作为药物输送载体时的释药行为与 pH 有着重要的关系。

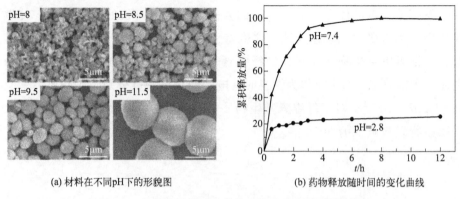

(a) 材料在不同pH下的形貌图　　　　(b) 药物释放随时间的变化曲线

图 6-7　材料的形貌图和药物释放随时间的变化曲线

王俊等人用聚（N-异丙基丙烯酰胺-甲基丙烯酸）（PNIPAM-MAA）包覆二氧化硅（MS）纳米颗粒，然后将其与具有发光性能的 Eu-POMs 多酸 $Na_9EuW_{10}O_{36}$（EuW_{10}）结合，得到了一种纳米粒子 MS/PNIPAM-MAA/EuW_{10}，并研究了材料作为药物盐酸阿霉素 DOX 输送载体的性能[10]。材料结构中的 MS 作为核心，PNIPAM-MAA 和 EuW_{10} 分别作为双响应的壳和发光标记。药物传输性能研究表明，材料展示出对温度和 pH 双响应的特性。在 pH 为 7.4、温度为 25℃时，13h 内 DOX 的释放量约为 14%，24h 最大释放量可达 15.6%（图 6-8）。而在同样的 pH 下，温度为 45℃时，7h 释药率可达 52.2%，24h 后总释放量为 59.5%，说明通过改变 pH 值和温度可以控制药物 DOX 的释放。另外，在高温和酸性环境下该体系均表现出较高的释放速率。此外，在紫外线照射下，该给药体系能发出肉眼清晰可见的红光，使其在肿瘤靶向、肿瘤诊断和治疗领域具有潜在的应用价值。

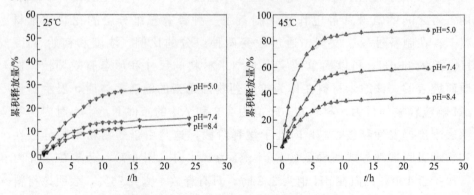

图 6-8　不同温度和 pH 值下药物的释放行为

Karimian 等人首先合成了一种具有抗肿瘤活性的杂多酸（TBA）$_4$H$_3$ [GeW$_9$V$_3$O$_{40}$]，并研究了其抗肿瘤的活性。然后，将其用 N-Boc-半胱氨酸（N-Boc-Cys）对其进行共价修饰，再与巯基化介孔二氧化硅纳米粒子（MSNs-SH）相结合，从而得到可以用来药物传输的材料（POM-MSNs）[11]。在作为药物盐酸阿霉素（DOX）传输载体的过程中，多酸表现出双功能的作用。一是介孔二氧化硅纳米颗粒作为有机药物载体，药物 DOX 被负载在其孔中，修饰的多酸通过二硫键连接到二氧化硅纳米颗粒上，使药物有效地封存在 MSNs 中，起到药物输送的作用；二是当药物的输送载体到达体内后，体内的谷胱甘肽使二硫键发生断裂，从而导致多酸和封存在 MSNs 中药物得到释放，同时发挥多酸自身的抗肿瘤活性。另外，将荧光染料修饰在多酸分子上，也可以进行药物跟踪。性能研究表明，这种含有双官能化多酸的药物传输系统，对 U87 细胞表现出较大的药理作用，在 48h 内将这些癌细胞的杀伤率提高到近 70%。

6.3.2　抗肿瘤性能

2003 年刘景福等人采用反相微乳液聚合法制备了一种由淀粉包覆的多酸 CoW$_{11}$TiO$_{40}$ 的纳米颗粒，并通过元素分析、红外光谱、紫外可见光谱和 ESR 光谱对其结构进行了表征[12]。结构分析结果表明，淀粉的包覆不仅能够保持多酸 CoW$_{11}$TiO$_{40}$ 的母体结构，也有利于增强多酸的稳定性和抗肿瘤活性，降低多酸的毒性。性能研究表明，淀粉包覆的多酸纳米粒子的抗肿瘤活性，高于母体多酸 CoW$_{11}$TiO$_{40}$ 和淀粉本身，说明实际活性物种为多酸。同时，淀粉包裹的多酸纳米颗粒比多酸本身更容易渗透到细胞中，说明淀粉的使用有助于多酸的渗透。

魏艳红等人报道了一种以（Bu$_4$N）$_2$[V$_6$O$_{13}${(OCH$_2$)$_3$CCH$_2$OH}$_2$]（**1**）为初始原料的、甘氨酸乙酯共价修饰的 Lindqvist 型多钒酸盐化合物（Bu$_4$N）$_2$[V$_6$O$_{13}${(OCH$_2$)$_3$CCH$_2$OOCCH$_2$CH$_2$CONHCH$_2$COOCH$_2$CH$_3$}$_2$]（**2**）[13]。性能研究发现，化合物 **2** 对肝细胞癌（HepG 2）表现出较高的抑制活性，抑制活性可达 81.5%（图 6-9），远高于六钒酸盐多酸母体和化合物 **1**，甚至比市售药物 5-氟尿嘧啶（5-FU）还要高，这可能是归因于多酸和修饰单元之间的协同作用。

倪鲁彬等人报道了两个含有 M-C$_{imi}$ 键的夹心型多酸化合物 H$_2$ [(CH$_3$)$_4$N]$_4$ {[Na（H$_2$O）$_4$][Na$_{0.7}$Ni$_{5.3}$（imi）$_2$（Himi）（H$_2$O）$_2$

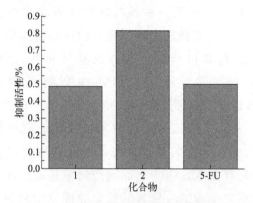

图 6-9　化合物的抗肿瘤细胞的活性

$(SbW_9O_{33})_2]\} \cdot 10H_2O$ (**3**) 和 $H_3[(CH_3)_4N]_4[Na_{0.7}Co_{5.3}(imi)_2(Himi)$ $(H_2O)_2(SbW_9O_{33})_2] \cdot 12H_2O$ (**4**) (imi 表示咪唑)[14]。结构分析发现，在两个化合物中均含有 M-C$_{imi}$ 键（图 6-10）。强 M-C$_{imi}$ 键不仅有利于增强多酸配合物的结构稳定性，而且产生的尚未配位的 imi 配体氮原子位点，又用于结合生物分子。因此，在多酸基抗癌药物的生物活性调控中，M-C$_{imi}$键起着关键作用。性能研究表明，化合物 **3** 对胃癌 AGS 和 BGC-823 细胞具有较强的细胞毒作用。作用机制是阻断 s 期细胞周期，诱导细胞凋亡，从而抑制肿瘤细胞的繁殖。

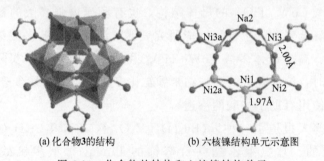

(a) 化合物**3**的结构　　　　(b) 六核镍结构单元示意图

图 6-10　化合物的结构和六核镍结构单元

　　Menon 等人采用离子化凝胶法合成了一种新型含铕的多钨酸盐 EuWAs 和生物聚合物壳聚糖的纳米复合物壳聚糖/EuWAs[15]。表征结果表明，在没有任何交联剂的情况下，得到了粒径约为 240nm 的高稳定性单分散 EuWAs 多酸纳米粒子。EuWAs 与壳聚糖的交联效率为 81%，在生理 pH 下释放曲线缓慢而持续。抗肿瘤性质研究表明，复合材料壳聚糖/EuWAs 对 KB、MCF-7、PC-3 和 A549 等癌细胞具有良好的毒性，具有一定的抗肿瘤作用。与纯 EuWAs 相比，其抗癌活性有所提高，而使用的剂量却较少。活性氧的产生可能是该材料诱导细胞凋亡的可能机制。

6.3.3　抗菌性能

鉴于酪氨酸的两性特征、可受 pH 调控的电荷可逆性，以及允许生物活性配体稳定表面电晕的特点，Bansal 等人首先合成了酪氨酸（Tyr 或 Y）包覆银纳米颗粒（AgNPs^Y）。其中，酪氨酸分子既是还原剂也是包覆剂。随后，用两种多酸 12-磷钨酸（PTA）和 12-磷钼酸（PMA）对 AgNPs^Y 的表面进行修饰和改性（图 6-11），原因不仅在于多酸具有抗菌、抗病毒和抗肿瘤等生物医学特性，而且也是为了克服多酸在生理 pH 值下易失去活性的缺点[16]。抑菌活性测试表明，多酸表面电晕在对细菌细胞造成高度物理损伤方面起着重要作用。对革兰氏阴性菌大肠杆菌的抗菌行为研究表明，在与 AgNPs 结合时，多酸的表面电晕增强了对细菌细胞的物理损伤。这是主要由于 AgNPs 和多酸的协同抑菌作用，以及酪氨酸还原 AgNPs^Y 作为多酸良好的载体和稳定剂的能力。

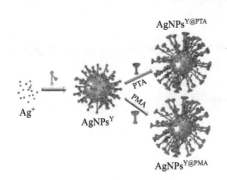

图 6-11　材料的制备过程

李明雪等人将十六烷基三甲基溴化铵包覆的多酸配合物 [HL]$_8$[Cu(L)$_4$]$_2$H$_4$[Cu(L)$_3$(P$_2$Mo$_5$O$_{23}$)]$_4$·8H$_2$O（L 代表咪唑）与水凝胶基质结合，制备了一类具有优异杀菌效果的共混水凝胶[17]。结果表明，所制备的共混水凝胶具有可调的理化性质、良好的溶胀行为、优异的局部作用和对多酸组分可持续释放的优点。在 pH 为 8.0 的缓冲溶液中，溶胀率最大可达 229%，120min 内释放率接近 100%。抗菌活性研究表明，所制得的共混水凝胶对大肠杆菌和金黄色葡萄球菌表现出优异的抑制率，其存活率均小于 5%，说明多酸的引入有效地增强了抗菌效果。另外，该凝胶在重复使用六次后，仍能达到约 51% 的杀菌率，说明具有很好的重复使用性。

　　齐燕飞等人报道了一种以多酸 $Ag_3PW_{12}O_{40}$（AgPW）为核，以表面共轭有 Nisin 的、聚多巴胺（PDA）为外壳的新型复合物 AgPW@PDA@Nisin（图 6-12）[18]。抗菌性能研究发现，材料 AgPW@PDA@Nisin 对金黄色葡萄球菌具有良好的抑菌活性，最低抑菌浓度为 $4\mu g \cdot mL^{-1}$，最低杀菌浓度为 $32\mu g/mL$，性能优于各项的单组分。对 HDF-a 细胞的毒性评价结果显示，在浓度为 $4\mu g \cdot mL^{-1}$ 复合材料的作用下，24h、48h 和 72h 内细胞存活率分别为 $156.4 \pm 3.2\%$、$127.4 \pm 4.0\%$ 和 $133.2 \pm 2.6\%$。而在 $128\mu g \cdot mL^{-1}$ 的高浓度作用下，24h 后细胞存活率仍接近 100%，说明复合材料 AgPW@PDA@Nisin 的细胞毒性很低，具有较高的安全性。

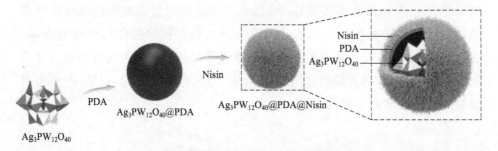

图 6-12　AgPW@PDA@Nisin 的制备过程

6.4　其他领域性能

6.4.1　磁学性能

　　Mialane 报道了两个含有 Fe（Ⅲ）的多钨酸盐 $Na_{14}(C_4H_{12}N)_5[(Fe_4W_9O_{34}(H_2O))_2(FeW_6O_{26})] \cdot 50H_2O$（**5**）和 $Na_6(C_4H_{12}N)_4[Fe(H_2O)_2(FeW_9O_{34})_2] \cdot 45H_2O$（**6**）[19]。磁学性能研究表明，两个杂化物都是单分子磁铁。在低温下，杂化物 **6** 表现出较大的迟滞和量子隧道效应。Cronin 等人合成两个夹心型多酸杂化物 $Na_4K(C_4H_{10}NO)_7\{[GeW_9O_{34}]_2[Mn_4^{Ⅲ}Mn_2^{Ⅱ}O_4(H_2O)_4]\} \cdot 15H_2O$（**7**）和 $(C_4H_{10}NO)_{12}\{[SiW_9O_{34}]_2[Mn_4^{Ⅲ}Mn_2^{Ⅱ}O_4(H_2O)_4]\} \cdot 15H_2O$（**8**）[20]。杂化物 **7** 表现出缓慢的磁化弛豫和单分子磁体行为的量子隧道（图 6-13）。结构中 $[Mn_4^{Ⅲ}Mn_2^{Ⅱ}O_4(H_2O)_4]^{8+}$ 簇单元的结构差异影响了杂化物的磁学性能。

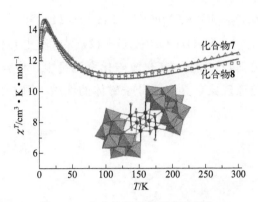

图 6-13　杂化物的结构和磁学行为

研究发现，以多核钴簇为夹心的多酸基杂化物也能表现出优异的磁学行为。例如，Kortz 报道的含有十六核钴簇的杂化物 $Na_{22}Rb_6[\{Co_4(OH)_3PO_4\}_4(A\text{-}\alpha\text{-}PW_9O_{34})_4]\cdot 76H_2O$（**9**），以及 Mialane 等人报道的含有七核钴簇的杂多酸盐 $[\{(B\text{-}\alpha\text{-}W_9O_{34})Co_3(OH)(O_3PC(O)(C_3H_6NH_3)PO_3)\}_2Co]^{14-}$（**10**）[21-22]。两个杂化物都展示出优异的单分子磁体的行为（图6-14）。化合物 **9** 是当时报道中含有钴的数目最大的杂多酸盐，也是第一例具有单分子磁体行为的基于多核钴的杂多酸盐。

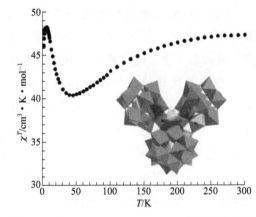

图 6-14　$[\{Co_4(OH)_3PO_4\}_4(A\text{-}\alpha\text{-}PW_9O_{34})_4]^{28-}$ 的结构和磁学行为

Coronado 等人首次研究了两类含有单核稀土金属、基于不同多酸的夹心型杂化物的磁学性能，包括 $[Ln(W_5O_{18})_2]^{9-}$（Ln^{III} 分别代表 Tb、Dy、Ho 或 Er）和以及 $[Ln(SiW_{11}O_{39})_2]^{13-}$（$Ln^{III}$ 分别代表 Tb、Dy、Ho、Er、Tm 或 Yb）[23]。结果表明，这些杂化物都表现出了类似于单分子磁体的磁学行为。李阳光课题报道了两例基于 3d-4f 混金属的多酸基配合物 $[\{CuT$-

bL(H$_2$O)$_3$}$_2${IMo$_6$O$_{24}$}]Cl・2MeOH・8H$_2$O (**11**) 和[{CuTbL(H$_2$O)$_2$}$_2$ {AlMo$_6$O$_{18}$(OH)$_6$}$_2$]・MeOH・10H$_2$O (**12**)[24]，其中 L 代表 N,N'-双(3-甲氧基水杨基乙烯基)乙二胺。在交流磁化率测量中，化合物 **11** 和 **12** 均表现出缓慢的磁化弛豫现象，具有单分子磁体的性质（图 6-15）。

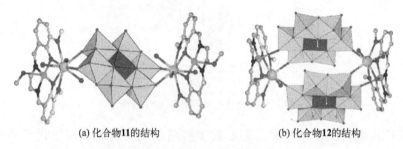

(a) 化合物**11**的结构   (b) 化合物**12**的结构

图 6-15　两个化合物的结构

6.4.2　染料敏化太阳能电池性能

随着能源危机的日益严重，迫切需要开发高效、环保、节能的电池材料。具有成本低、制造工艺简单、光电转换效率高等优点的染料敏化太阳能电池（DSSCs）已经受到研究人员的广泛关注。多酸是一种无机准半导体，由于其优异的光敏性、氧化还原性和催化性能以及相对稳定性，有望在 DSSCs 的制备过程中起到重要的作用。东北师范大学王恩波、苏忠民以及陈维林等人在该研究领域做出了突出的贡献，并取得了丰富的研究成果[25]。

研究发现，多酸凭借自身优异的氧化还原性能，在 DSSCs 中可以扮演着多种角色，发挥着重要的作用。首先，多酸在 DSSCs 中可以作为良好的电子受体，捕获导带中产生的光生电子并将其转移，抑制光生载流子的重组，从而提高 DSSCs 的光电转换效率。Choi 等人研究了多酸 PW$_{12}$O$_{40}$ 在二氧化钛（TiO$_2$）或 Pt/TiO$_2$ 悬浮液中的电子转移行为[26]。结果发现，在紫外光照射下，多酸能够成功地将二氧化钛颗粒上的导带电子转移到惰性收集电极上，产生光电流。而当溶解氧存在时，还原的多酸能被溶解氧快速氧化，光电流显著降低，说明多酸可作为良好的电子的受体并能够实现电子的转移，暗示其在 DSSCs 方面具有潜在的应用价值。研究人员报道了一些多酸/TiO$_2$ 复合材料或复合膜，包括不同方法的使用，如层接层法[27]、溶胶凝胶法等[28]，以及不同类型的多酸，如 Wells-Dawson 型 {P$_2$Mo$_{18}$}[29]、过渡金属取代的 SiW$_{11}$Co 等[30]。陈维林课题组利用简单的溶胶-凝胶法制备了 Wells-Dawson 型多酸 $\{P_2Mo_{18}\}$，以及还原性杂多蓝 $\{P_2Mo_2{}^{V}Mo_{16}{}^{VI}\}$ 掺杂的 TiO_2 复合材料，并将其引入到 DSSCs 的光阳极中[31]。性能研究表明，掺杂 $\{P_2Mo_{18}\}$ 和 $\{P_2Mo_2{}^{V}Mo_{16}{}^{VI}\}$ 的材料，能够表现出较好的抑制暗电流作用，提高了 DSSCs 的电子寿命，整体转换效率分别提高了 24.48% 和 17.19%（图 6-16），性能优于纯 P25 光阳极，显著提高了 DSSCs 的性能。

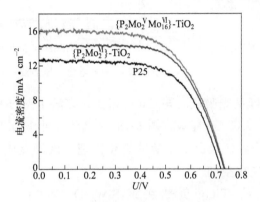

图 6-16　不同掺杂材料光阳极的 DSSCs

　　为了得到分散性好、尺寸合适的多酸/TiO_2 复合材料，该课题组使用两种金属-有机框架作为前驱体，通过高温焙烧的方法与 TiO_2 结合，从而得到了尺寸更小、分散型更高、过渡金属氧化物共掺杂的多酸/TiO_2 纳米复合材料 $P_2W_{18}\cdot CuO@TiO_2$ 和 $P_2W_{18}\cdot NiO@TiO_2$[29]。结果表明，该方法制备的材料中多酸的负载量可以达到 75.67%（质量分数），而且能够以约为 1nm 的尺寸均匀地分散在材料中。性能研究表明，复合材料 $P_2W_{18}\cdot NiO@TiO_2$ 光阳极的光电转换效率高达 7.56%（图 6-17），比纯 TiO_2 基光阳极提高了近 26%。其原因主要在于材料中粒径小、分散性高的多酸纳米离子，可以拥有更多的活性位点和高比表面积，从而提高了 DSSCs 的光电转换效率。

　　另一方面，多酸的光敏性又使其在作为 DSSCs 光敏剂材料方面具有潜在的应用[32-33]。例如，研究人员以金属铑（Rh）取代的 Keggin 型多酸基 $[(CH_3)_4N]_5[PW_{11}O_{39}RhCH_2COOH]\cdot 6H_2O$（$PW_{11}RhCOOH$）作为光敏剂，并研究其在多酸敏化太阳能电池中的性能[34]。结果表明，与其他多酸相比较，$PW_{11}Rh\text{-}COOH$ 表现出更高的光伏响应。这可能是由于材料良好的可见光响应、能级匹配和载流子分离效率，以及金属 Rh 的引入能够有

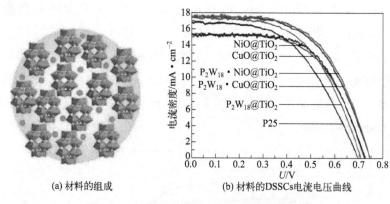

(a) 材料的组成 (b) 材料的DSSCs电流电压曲线

图 6-17　材料的组成和 DSSCs 电流电压曲线

效地增强多酸的可见光吸收。与 TiO_2 相比，多酸 $PW_{11}Rh\text{-}COOH$ 具有更小的 E_g 和更高的 LUMO 能级（图 6-18），暗示其可作为 TiO_2 增敏剂的潜在材料。另外，作者还提出了多酸的敏化机理。该研究成果拓展了多酸在 DSSCs 领域的可应用空间。

杨玉林等人将 TiO_2 负载在 $K_6SiW_{11}O_{39}Co(\text{II})(H_2O)\cdot xH_2O$ （$SiW_{11}Co$）表面，得到了一种新型 DSSC 光阳极材料 $TiO_2@SiW_{11}Co^{[30]}$。性能研究结果表明，与 TiO_2 相比，材料 $TiO_2@SiW_{11}Co$ 不仅在紫外区表现出更强的吸收能力，而且吸收带和光电响应范围扩展到了可见光区。以 $P25\text{-}TiO_2@SiW_{11}Co$ 组装的染料敏化太阳能电池，在太阳照射下，其短路光电流密度高达 $18.05mA\cdot cm^{-2}$（图 6-19），比空白样品高出 64%，开路光电压为 $0.718V$，整体光转换效率高达 6.0%。因此，光阳极膜中的 $TiO_2@SiW_{11}Co$ 的使用，有利于增强 DSSC 的光吸收并提高其性能。

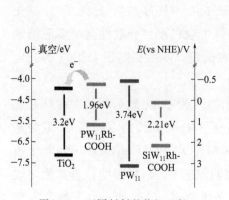

图 6-18　不同材料的能级比较

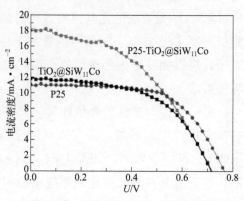

图 6-19　电流密度与电压曲线

6.5　多酸基功能材料在其他领域的应用

综上所述，多酸凭借着自身的强酸性，可以作为优秀的 Brønsted 酸催化剂，在燃料电池、生物质燃料电池等能源领域扮演着重要的催化剂角色。同时，多酸由于自身优异的氧化还原性，使其可作为可传输电子的良好介质，同时它们又拥有优秀的可修饰性，这些特征使其在未来能源领域如 DSSCs 等，都具有很好的潜在应用性。另外，多酸及其衍生物在生物学、药物学、医学、磁学等重要领域都表现出优异的性能，不仅可以作为抗肿瘤的直接药物，而且也可以作为药物输送的有效载体。总之，多酸结构的多样性、氧化还原性、可修饰性、优异的光学性能等重要特征，使之或其衍生材料在多个领域都表现出重要的应用价值。

参考文献

[1] Amirinejad M, Madaeni S S, Rafiee E, et al. Cesium hydrogen salt of heteropolyacids/Nafion nanocomposite membranes for proton exchange membrane fuel cells[J]. J Membr Sci, 2011, 377(1): 89-98.

[2] Abouzari-lotf E, Jacob M V, Ghassemi H, et al. Enhancement of fuel cell performance with less-water dependent composite membranes having polyoxometalate anchored nanofibrous interlayer[J]. J Power Sources, 2016, 326: 482-489.

[3] Oh K, Son B, Sanetuntikul J, et al. Polyoxometalate decorated graphene oxide/sulfonated poly(arylene ether ketone) block copolymer composite membrane for proton exchange membrane fuel cell operating under low relative humidity[J]. J Membr Sci, 2017, 541: 386-392.

[4] Zeng M H, Liu W Q, Guo H K, et al. Polyoxometalate-Cross-Linked Proton Exchange Membranes with Post-Assembled Nanostructures for High-Temperature Proton Conduction[J]. ACS Appl Energy Mater, 2022, 5(7): 9058-9069.

[5] Zhao X B, Zhu J Y. Efficient Conversion of Lignin to Electricity Using a Novel Direct Biomass Fuel Cell Mediated by Polyoxometalates at Low Temperatures[J]. ChemSusChem, 2016, 9(2): 197-207.

[6] Liu W, Gong Y T, Wu W B, et al. Efficient Biomass Fuel Cell Powered by Sugar with Photo- and Thermal-Catalysis by Solar Irradiation[J]. ChemSusChem, 2018, 11(13): 2229-2238.

[7] Liu W, Mu W, Liu M J, et al. Solar-induced direct biomass-to-electricity hybrid fuel cell

using polyoxometalates as photocatalyst and charge carrier[J]. Nat Commun, 2014, 5
(1): 3208.

[8] Liu W, Mu W, Deng Y L. High-Performance Liquid-Catalyst Fuel Cell for Direct Bio-
mass-into-Electricity Conversion[J]. Angew Chem Int Ed, 2014, 53(49): 13558-13562.

[9] Li H, Jia Y, Wang A H, et al. Self-Assembly of Hierarchical Nanostructures from Dopa-
mine and Polyoxometalate for Oral Drug Delivery[J]. Chem Eur J, 2014, 20(2): 499-504.

[10] Wang J, Huang N, Peng Q, et al. Temperature/pH dual-responsive and luminescent
drug carrier based on PNIPAM-MAA/lanthanide-polyoxometalates for controlled drug
delivery and imaging in HeLa cells[J]. Mater Chem Phys, 2020, 239: 121994.

[11] Karimian D, Yadollahi B, Mirkhani V. Dual functional hybrid-polyoxometalate as a new
approach for multidrug delivery[J]. Micropor Mesopor Mat, 2017, 247: 23-30.

[12] Wang X H, Liu J F, Pope M T. New polyoxometalate/starch nanomaterial: synthesis,
characterization and antitumoral activity[J]. Dalton. Trans. , 2003, 5): 957-960.

[13] Wang Y, Wang F, Wang D, et al. Synthesis and structure studies of a new hexavanada-
te-glycine hybrid with high antitumor activities[J]. J Mol Struct, 2020, 1201: 127138.

[14] Zhao H X, Tao L, Zhang F M, et al. Transition metal substituted sandwich-type poly-
oxometalates with a strong metal-C(imidazole) bond as anticancer agents[J]. Chem
Commun, 2019, 55(8): 1096-1099.

[15] Menon D, Thomas R T, Narayanan S, et al. A novel chitosan/polyoxometalate nano-
complex for anti-cancer applications[J]. Carbohyd Polym, 2011, 84(3): 887-893.

[16] Daima H K, Selvakannan P R, Kandjani A E, et al. Synergistic influence of polyoxo-
metalate surface corona towards enhancing the antibacterial performance of tyrosine-
capped Ag nanoparticles[J]. Nanoscale, 2014, 6(2): 758-765.

[17] Fang Y, Liu T Y, Xing C L, et al. A blend hydrogel based on polyoxometalate for long-
term and repeatedly localized antibacterial application study[J]. Int J Pharm, 2020,
591: 119990.

[18] Zhang C H, Zhao M M, Zou H J, et al. An enhanced antibacterial nanoflowers AgPW@
PDA@Nisin constructed from polyoxometalate and nisin[J]. J Inorg Biochem, 2020,
212: 111212.

[19] Compain J D, Mialane P, Dolbecq A, et al. Iron Polyoxometalate Single-Molecule Mag-
nets[J]. Angew Chem Int Ed, 2009, 48(17): 3077-3081.

[20] Ritchie C, Ferguson A, Nojiri H, et al. Polyoxometalate-Mediated Self-Assembly of
Single-Molecule Magnets: $\{[XW_9O_{34}]2[Mn_4^{III}Mn_2^{II}O_4(H_2O)_4]\}^{12-}$ [J]. Angew Chem
Int Ed, 2008, 47(30): 5609-5612.

[21] Ibrahim M, Lan Y, Bassil B S, et al. Hexadecacobalt(II)-Containing Polyoxometalate-
Based Single-Molecule Magnet[J]. Angew Chem Int Ed, 2011, 50(20): 4708-4711.

［22］El Moll H，Dolbecq A，Marrot J，et al. A Stable Hybrid Bisphosphonate Polyoxometa-late Single-Molecule Magnet［J］. Chem Eur J，2012，18(13)：3845-3849.

［23］AlDamen M A，Clemente Juan J M，Coronado E，et al. Mononuclear Lanthanide Single-Molecule Magnets Based on Polyoxometalates［J］. J Am Chem Soc，2008，130(28)：8874-8875.

［24］Feng X J，Zhou W Z，Li Y G，et al. Polyoxometalate-Supported 3d-4f Heterometallic Single-Molecule Magnets［J］. Inorg Chem，2012，51(5)：2722-2724.

［25］Chen L，Chen W L，Wang X L，et al. Polyoxometalates in dye-sensitized solar cells［J］. Chem Soc Rev，2019，48(1)：260-284.

［26］Park H，Choi W. Photoelectrochemical Investigation on Electron Transfer Mediating Be-haviors of Polyoxometalate in UV-Illuminated Suspensions of TiO_2 and Pt/TiO_2［J］. J Phys Chem B，2003，107(16)：3885-3890.

［27］Wang S M，Liu L，Chen W L，et al. Polyoxometalate/TiO_2 Interfacial Layer with the Function of Accelerating Electron Transfer and Retarding Recombination for Dye-Sensi-tized Solar Cells［J］. Ind Eng Chem Res，2014，53(1)：150-156.

［28］Wang S M，Liu L，Chen W L，et al. Polyoxometalate-anatase TiO_2 composites are in-troduced into the photoanode of dye-sensitized solar cells to retard the recombination and increase the electron lifetime［J］. Dalton Trans，2013，42(8)：2691-2695.

［29］Zheng X T，Chen W L，Chen L，et al. A Strategy for Breaking Polyoxometalate-based MOFs To Obtain High Loading Amounts of Nanosized Polyoxometalate Clusters to Im-prove the Performance of Dye-sensitized Solar Cells［J］. Chem Eur J，2017，23(37)：8871-8878.

［30］Li L，Yang Y L，Fan R Q，et al. Photocurrent enhanced dye-sensitized solar cells based on TiO_2 loaded $K_6SiW_{11}O_{39}Co(II)(H_2O) \cdot xH_2O$ photoanode materials［J］. Dalton Trans，2014，43(4)：1577-1582.

［31］Chen L，Sang X J，Li J S，et al. The photovoltaic performance of dye-sensitized solar cells enhanced by using Dawson-type heteropolyacid and heteropoly blue-TiO_2 composite films as photoanode［J］. Inorg Chem Commun，2014，47：138-143.

［32］Yamase T. Photochemical studies of the alkylammonium molybdates. Part 6. Photore-ducible octahedron site of $[Mo_7O_{24}]^{6-}$ as determined by electron spin resonance［J］. J Chem Soc，Dalton Trans，1982，10：1987-1991.

［33］Sang X J，Li J S，Zhang L C，et al. A Novel Carboxyethyltin Functionalized Sandwich-type Germanotungstate：Synthesis，Crystal Structure，Photosensitivity，and Application in Dye-Sensitized Solar Cells［J］. ACS Appl Mater Interfaces，2014，6(10)：7876-7884.

［34］Li J S，Sang X J，Chen W L，et al. The research of a new polyoxometalates based pho-tosensitizer on dye sensitized solar cell［J］. Inorg Chem Commun，2013，38：78-82.

第**7**章
展　望

　　多酸作为具有优异的光化学、电化学以及催化性能的多金属氧簇已经得到了众多研究领域的广泛关注和研究。至今，大量的具有多样结构特征和性能的多酸及配合物已经由研究人员所报道。另外，具有各种性能的多酸基复合材料在不同领域表现出潜在的应用性。但是，不论从结构化学还是从性能化学角度来看，多酸的可开发空间依然很大，乃至无限。从结构方面来看，多酸特殊的结构经常能够吸引多个领域研究人员的眼球。而目前的大多数研究多集中在一些经典的多酸，当然一些不常见的构型也偶有报道。因此，继续设计和开发结构更为新颖的多酸，不论对于丰富其种类，还是延伸其认知度都具有重要的研究意义，也能为性能的优化起到重要的作用。考虑到多酸基金属-有机配合物已经在催化、储能等领域表现出令人满意的性能，有机配体和多酸作为主要的构筑单元，在结构和性能的调控中起到了重要的作用。因此，有机配体的进一步设计和使用，对于开发具有更为优秀性能的多酸基金属-有机配合物仍然是必要的，甚至实现配体的目标设计和配合物的可控合成，从而达到结构与性能之间的完美缔和。从性能方面而言，多酸基材料已经得到了研究人员的认知并应用在众多领域。然而，有些多酸基材料尽管能够表现出令人欣喜的性能，但是仍存在着导电性差、结构不稳定等一些不足。这些尚存问题除了目前所报道的改进方法外，仍需我们采取更为合理的手段对其进行修饰或改性，在克服多酸自身不足的同时，提高或优化这些材料的性能。另外，除了光催化、电催化、有机催化以及储能等应用外，多酸仍存在着更为广泛的应用空间，还需要我们继续努力探究，从而真正地体现多酸作为金属氧簇的重要角色，发挥多酸化学的重要作用，巩固和夯实其在结构化学、配位化学以及性质化学中的地位。